仕事の基本エ
ッセンシャルノート

判断力思维

[日] 鸟原隆志 著
林冠汾 译

中国友谊出版公司

图书在版编目（CIP）数据

判断力思维 /（日）鸟原隆志著；林冠汾译 . —— 北京：中国友谊出版公司，2021.1
ISBN 978-7-5057-5028-9

Ⅰ . ①判… Ⅱ . ①鸟… ②林… Ⅲ . ①思维方法 Ⅳ . ① B804

中国版本图书馆 CIP 数据核字 (2020) 第 219394 号

SHIGOTO NO KIHON ESSENTIAL NOTE by Takashi Torihara
Copyright © 2018 by Takashi Torihara. All rights reserved.
Originally published in Japan by Nikkei Business Publications, Inc.
Simplified Chinese translation rights arranged with Nikkei Business Publications, Inc. through Rinch International CO., LIMITED.

书名	判断力思维
作者	[日] 鸟原隆志
译者	林冠汾
出版	中国友谊出版公司
发行	中国友谊出版公司
经销	新华书店
印刷	天津旭丰源印刷有限公司
规格	880×1230 毫米　32 开　7 印张　101 千字
版次	2021 年 1 月第 1 版
印次	2021 年 1 月第 1 次印刷
书号	ISBN 978-7-5057-5028-9
定价	45.00 元
地址	北京市朝阳区西坝河南里 17 号楼
邮编	100028
电话	(010) 64678009

前　言

你认为让自己的工作顺利进行，最重要的因素是什么？

知识、经验、努力、人际关系、执行力、效率、大局观……

相信大家一定能够举出各种因素，但如果要我回答，我会说是"判断力"。

"该怎么做才好？"当必须做出抉择时，你是否能准确做出判断？不论你是多么博学多闻，经验有多么丰富，或有多么努力向上，若是不懂得判断，工作就无法顺利进行。

那么，请问大家有没有学过"判断的方法"？

生活中有甘有苦，这一切都是我们判断的结果。

包含在无意识之下做出的判断，我们所有的行动都会受到判断的影响。这正是所谓的"因果关系"。

在学校读书时，有哪一堂课会教我们该如何做才能有好的判断力呢？

走进社会后，或许公司的前辈和主管会示范给我们看，但他们会系统化地传授判断的方法给我们吗?

答案是"不会"。不论是学校或公司,都不会切实教导我们判断的方法。至少在日本,一般都没有与判断相关的课程。

然而,我们躲避不了判断。

在工作上,判断能力会直接影响到成果和评价。不过,工作上的判断都不会太有趣。很多人会因为"缺乏自信"或"担心做错会挨骂",而产生"我才不想做什么判断"的心态。有这种心态的人也会因此越来越没有判断力。

如果是大家口中说的工作能力强的人,就会反过来思考。他们不会把"我才不想做什么判断"当借口来逃避,而是会消除"做判断的痛苦",设法营造出容易做判断的状况。他们会让自己走向"正面思考的判断"。

那么,该怎么做才能营造出容易做判断的状况,让自己以正面思考做判断?这正是本书的主题。

工作上必须面临各式各样的判断,依工作内容不同也会有所差异。然而判断的基本原则大致相同。不论是哪一种行业,工作能力强的人会先思考判断绝对要遵守哪些基本原则，再对症下药处理问题。

这群人会一步步地接近理想的工作方式，做到"高工作效率""不失误""懂得为对方着想"这三点。

本书以"做会判断的人"为目标，指的就是做得到下列事项的人：

- 能明确做出判断。
- 能在适当的时间点做出判断。
- 高准确性的判断。
- 能以中长期的长远眼光纵观整体再做判断。
- 能够在判断时享受其中乐趣。

接下来我将为大家说明何谓准确的判断方法，但在此之前，请容我先从另一个不同的观点谈一谈判断。

据说在不久的将来，AI（Artificial Intelligence，人工智能）将深入我们的工作和生活。有识之士当中，有人主张在未来的时代，AI 或机器人将取代我们，做多数原本由人类在做的事情。

我也深感认同。当机器变得越来越人性化时，或许就能取代我们做很多事。

人们的担忧也持续升温中。大家心想："这么一来，人类的工作不就都被 AI 抢走，那怎么得了！？"

如果是下象棋或围棋，AI 肯定比人类更厉害，公司的多项业务想必也会交给 AI 处理，更有可能得到好结果。

在肩负判断工作的主管当中，其实有很多人期望看见这样的未来。

我的工作是以大企业的管理阶层为对象进行授课，所以我会研究判断方法和解决问题的模式。在接受委托之下，我会利用一种叫"篮中演练"的工具，进行以判断力为主轴的技能培养训练，协助企业培养组长等年轻一代的干部。一路来，接受过篮中演练的对象超过一万五千人。

培训期间内，我曾问过有谁是抱着"可以的话，我还真不想做判断"的心态，结果有超过八成以上的组长举手。很多人觉得做判断是一件苦差事，可以的话，他们不想自己做判断。

原因就在于"害怕失败"。倘若在工作上做出错误的判断，会害自己被扣分，那么在判断时当然要谨慎。可是，就算谨慎做出判断，也无法保证一定可以得到好结果。所以，很多人就会产生"希望可以不要承担判断的责任"的心态，而这或许是身为组织的"公司"必须面对的宿命。

也就是说，现在面临的问题是：不做判断的人日趋增多。如此一来，"懂得做出判断的人"的存在就十分珍贵，且越来越有价值。

回到原本的话题上，一个不曾学过判断方法的人，他是如何拥有所谓的判断力的？

答案是"自我反省"。做出判断后，却发生不乐见的事，那么当初为什么会做出如此的判断？拥有判断力的人会像这样自我反省，并思考出不会重蹈覆辙的方法。觉察到自己有这一倾向的人，就能够不断提升判断力。

意思就是，他们的判断力是借由累积经验来提升的。

在磨练判断力上，自我反省是不可或缺的。如果再好好牢记本书提出的判断基本原则，自我反省的效果势必得以倍增。

我在此衷心期盼大家可以成为会做判断的人，不论在面对工作还是私人生活，都能够享受判断的乐趣。

目 录

引言　正向思考的判断力

01　好判断的本质："渴望">"逃避"　　　003

02　判断的类型：我应该改掉什么样的不良习惯　　　006

03　五秒理论：并非时间花得久，就可以做出好判断　　　009

04　顾客视角：

　　只要客观看待事物，自然就会"懂得为对方着想"　　　013

05　推想：试着怀疑，去否定"做不到"　　　017

06　身为领导者的判断：把判断分类成七大盒　　　019

07　"高级主管"的含意：抱持"我要去执行"的意识　　　023

PART I 判断的基本原则

思考时不偷懒＝重视流程

08 　重视流程：懂得做出好判断的人，都会按照步骤行事　028

09 　决定的流程：该走怎样的路径，就怎么走　032

10 　发现问题：不要只拘泥于"看得见的问题"　037

11 　符合要求：千万不要忽视"前提"　041

12 　"做决定"的树形图：还有没有其他选项　043

13 　时间的经过与结果：拥有"短期"和"中长期"两种眼光　046

果断＝排除干扰

14 　时间限制：让自己有"割舍的勇气"　050

15 　优先级：懂得做"判断之前的判断"　052

16 　判断的主轴：具体定出"重要性的高低"　055

17 　帕累托法则：看清什么才是"真正重要的两成"　057

18 　检伤分类：定出"不需要做的事项"　059

19 　灰色地带：

　　　把心思花费在一时无法做决定，却应该深思熟虑的事情上　061

降低不确定性 = 风险管理

20	"自以为"的风险：说不定情况已经有所改变	066
21	"信息来源"的风险：那是千真万确的信息吗？①	068
22	"定性信息"的风险：那是千真万确的信息吗？②	070
23	为了明日的粮食：逃避风险会导致无法做出判断	073
24	海因里希法则：不要忽视让你心头一惊的经验	076

了解自己的类型 = 偏差检查

25	主观的陷阱：不要依自己的好恶和期望来行动	080
26	成见与妥协：不要妄下断语，但也不要让步	082
27	偏差：掌握自我判断的偏差	085
28	出乎预料的回答：对方的思考方式不会和自己一样	089
29	经验的正负面影响：不断更新脑袋里的选项	091
30	团体迷思的陷阱： 大家一起做决定就可以什么都不怕？ 这其中是有陷阱的！	095

不拖拉 = 采取行动

31 艾米特法则：

往后拖延只会让人必须付出两倍以上的劳力　098

32 快速成型：告诉自己"凡事都可以重新来过"　100

33 角色扮演：实际演一场做判断的戏码　103

34 回顾：不让自己白白失败　105

PART 2　各种状况下的判断确认项目

紧急时

35 飞行员训练法：专注于"做得到的事情"　110

36 预防恐慌：说出能让自己"保持平常心"的话　111

37 "知会"的重要性：据实以报　113

38 附加条件的判断：

发出紧急指示时，不忘附加明确的条件　115

39 恢复必要功能：采取适当的应急措施　118

40 洞察力：预测"未来有可能发生什么事"　120

41	分析原因与预防复发：勿忘二次应对	122
42	紧急状况应对手册：做好准备以防患未然	124

失误时

43	让损失降到最低：	
	不该"掩饰伤口"，而是要"不让伤口扩大"	128
44	信用存款：谎言会化为"一百倍的伤害"	130
45	改变做法：既然主动出击无效，试着退一步看看	132
46	暂时退出：	
	不拖泥带水告诉自己"还有下一次的机会"	134
47	随它去效应：比赛结束前，都不算是结束	137

拟订计划时

48	战略与战术：想出让自己一直处于优势的方法	140
49	剪刀石头布理论：让成长循环持续运转	142
50	鱼与熊掌不可兼得：不把效率和效果混为一谈	145
51	成长曲线法则：掌握"生命周期"	148
52	过度评价：别把"恰巧"误当成"实力"	151

53　破坏者登场：现在对抗的对象并非真正的敌人　　　　153

展开新事物时

54　社会认同的原理：抛开"我要和大家一样"的想法　　156

55　想出好点子的方法：试着不照"常理"出牌　　　　158

56　市场性：不把愿望和需求混为一谈　　　　　　　　160

57　期望值：把"可能性"化为数字来做比较　　　　　162

停止、舍弃

58　取舍的选择：想要有所得，就必须有所失　　　　　166

59　品项一进一出："展开"之前，先决定"停止"　　168

60　排除情感的投入：当自己是咨询顾问来思考　　　　171

61　投资亏损："怕浪费"会让人掉入陷阱　　　　　　173

PART 3　提升团队的判断力

建立容易判断的架构

62　杯面铁律：制定"步骤"和"标准"　　　　　　　178

63	果酱法则：不提供过多的选项	180
64	比较优势：让团队成员专攻各自擅长之处	183
65	投资与回报：学会懂得做出"交给别人去做"的判断	185

帮助他人做出正向的判断

66	自发性：让对方觉得"这是我做出的判断"	190
67	传达的方式：让对方产生积极工作的心态	192
68	AIDMA 原则：让对方产生兴趣，促使对方采取行动	196
69	专案化：清楚地让对方知道"这是他的工作"	200
70	兰斯法则：没发生问题的地方就别多嘴干涉	203

结束语 205

引言

正向思考的判断力

01 好判断的本质：

"渴望" > "逃避"

看到"本质"二字，或许已经有人会皱起眉头了吧？

不过，只要能够理解"何谓判断"，做判断就会变得容易，所以我们还是一开始就先来好好思考这个问题。

何谓判断？

我绝对没有要借由本书进行学术分析或做什么论述。我会用一个极其简单的说法来说明何谓判断。

"渴不渴望？讨不讨厌？"

举例来说，在忙碌的生活中，人们会渴望申请年假去旅行。

以这个例子来说，就是"渴望放假"。这时人们会思考要怎么请假,并做出判断。

这属于"正面判断"。

再举另一个例子。

你在工作上出了差错,只要不说出来,有可能不会被主管察觉。

"我不想和主管报告后挨骂。"这个状况就是"讨厌挨骂"。

这属于"负面判断"。

也就是说,判断可分为"得到渴望事物的正面判断"以及"逃避讨厌事物的负面判断"两种。

因为在我们的判断之中混杂着正面和负面,所以才会难以选择其中之一而陷入苦恼。

比方说,"虽然想到可以改善工作的方法,但如果提出来,搞不好反而会让自己惹上一身麻烦事。"或者是"虽然想把工作交代给资历较浅的员工,但万一他搞砸了,该怎么办?"这类状况当中混杂着正面和负面想法,所以难以立刻做出判断。

如果像这样一一整理出判断的两面性,就能够明确知道"自己想得到什么?"以及"想逃避什么?"

究竟这种时候应该重视正面判断？还是应该重视负面判断呢？

结论显而易见，应该要重视正面判断。怎么说呢？因为如果重视负面判断，就等于做出逃避讨厌事物的判断。

如果总是做出逃避讨厌事物的判断，就无法得到渴望的事物，更不可能有机会挑战新事物。

以恋爱来说，若抱着"只要不接近异性，就不会经历失恋或麻烦事"的想法，就是负面判断。如果是会做出正面判断的人，就会觉得为了谈一场理想的恋爱，难免会尝到一些失败的滋味，于是决定采取行动。

"没有目标""没有未来愿景"的人大多倾向负面判断。不仅如此，他们不会察觉到自己总是做出负面判断，每天不是朝向"渴望"，而是往"逃避讨厌事物"的方向做判断。这样的想法不可能让现状变好。

02 判断的类型:

我应该改掉什么样的不良习惯

每个人在做出判断时都会有不同的习惯。以下提出几种具有代表性的不良习惯类型。

第一种是"急性子型"。明明时间相当充裕,却会毫无意义地急着做出判断。经常冲动购物的人就是属于这种类型。

至于他们为何会立刻就做出判断,可以举出三个原因。

第一个原因是过于高估自己的判断力。因为相信自己不会判断错误,于是省略了寻求佐证或探索有没有其他选项的步骤。

第二,不去寻求判断依据的人也属于这种类型。这种人会以"命运"或"直觉"作为判断的理由，认为自己做的判断不需要经过佐证。

最后，有些具有逃避判断倾向的人也属于急性子型。他们讨厌为了判断而耗费太多时间，最后就会做出"算了"的判断。

反过来说，这种类型的人只要加上"寻求佐证"或"重新评估"等步骤，判断力就会大大提升。

第二种是"慢半拍型"。这种类型的人会因为花太多时间做判断，导致错过判断的时机。

很多状况都是因为慢半拍而导致失败，好比说原本一直犹豫要不要订机票，最后总算下定决心时，才发现已经售罄了。

为什么人们会慢半拍才做出判断？这当中有两大原因。

第一个原因是对自己的判断缺乏信心，所以会一再重新审视或过度寻求佐证，因此拉长判断的时间。

第二，总是追求完美的判断，如此便会经常错过判断的时机。

提升判断的准确性固然重要，但要懂得提醒自己慢半拍有可能导致的风险，这样自然就会加快脚步做出判断。

还有一种类型是不愿意自己做判断，这种人称为"耍赖型"。耍赖型的人当然有一部分是因为懒得思考，但主要还是因为担心万一没有判断好，就会变成是"自己造成的"，所以忍不住会逃避判断。

看到这里，想必有不少人会发现自己很接近上述三种类型的其中之一吧？不过，没什么好担心的。只要知道自己的不擅长之处，自然就会知道应该改掉什么习惯或做什么改变。

如果下定决心改变自己的行动，朝向目标迈进，就少不了判断。想要迈向终点，就必须磨练判断技巧，这两者的关系密不可分。

03 五秒理论：

并非时间花得久，就可以做出好判断

　　对于工作上的判断，谁都不想有失误，因此，就会忍不住往后拖延，非得等到最后一刻才肯做出判断。如此一来，就会在匆忙之下做出判断，也会变得更容易产生失误。

　　还有，工作会越积越多，让自己更加无法从容做出判断。

　　工作能力强的人不会让自己到最后一刻才开始思考，而是会接二连三地做出判断。即使还有好一段时间才必须做判断，他们也会做出"暂定的判断"，先思考好要怎么做。

　　不过，对于重要的判断，他们会取得佐证、寻求是否有其他选项，或是确认局势有无变化，对于提升判断的准确度毫不懈怠。

面对这种状况时，如果等到最后一刻才开始思考，就会没有时间取得佐证或寻求其他选项。一个懂得在充裕时间内做判断的人，能明显看出他的判断力在不断地进步。

"思考到最后一刻"和"等到最后一刻才开始思考"之间有着天壤之别。

等到学会有效率地一一做出判断，时间自然会变得充裕。懂得先出招，就能够向前迈进。渐渐习惯该怎么做判断之后，判断速度肯定会大大提升。

不知道大家有没有听过"五秒法则"？下国际象棋时要求必须在五秒内走下一步棋的玩法，以及慢慢思考三十分钟也无所谓的玩法，两者的下一步棋有百分之八十六都是相同的。

也就是说，慢慢累积出经验后，可以在短短五秒内想出相同于苦恼三十分钟后所得到的答案。

换句话说，即使花很长的时间，最后还是会做出和立即下结论时一样的判断。重点就是，就算往后拖延判断，也不会和最终采取的行动有太大差别。

这么说来，还是不要"保留"判断，尽早做出判断会比较好。只要接二连三地做出判断,不但"心情会变得轻松",也能做到"不失误"。这不正是在告诉我们只要做"正面判断"就好吗?

听到我这么说,或许有人会说:"不是啊,我想要做判断,但没有足够的信息做支撑,这要怎么判断?"

请仔细想一想,正因为不知道结果会如何,才更值得做出"这么做肯定没错"的决定。在当下所知的有限信息下做出"就这么办"的决定,才是所谓的"判断"。

照着判断来拟订、执行计划,再查核执行结果,最后采取行动。只要让这个所谓的PDCA[1]达到高速循环,自然就会做出好判断。

---

1. 译注:PDCA 为 Plan、Do、Check、Act 的简称,由美国学者爱德华·戴明提出,被称为质量管理循环。PDCA 指针对质量工作按规划、执行、查核与行动的步骤来进行,以确保质量持续改善。

判断的质量

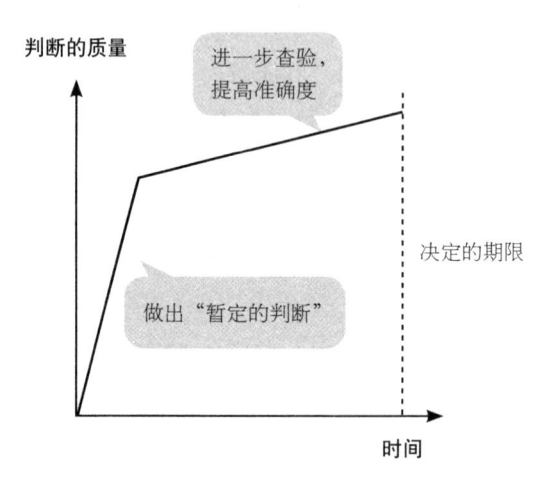

进一步查验，
提高准确度

做出"暂定的判断"

决定的期限

时间

好判断的基本形成

04 顾客视角：

只要客观看待事物，自然就会"懂得为对方着想"

"老师，你怎么有办法回答得这么轻松？"曾经有位上培训课的学员问我。

当时我正针对该学员的篮中演练结果提供意见。根据结果，该学员与人相处的能力相当突出；相反地，决定事物的能力却很弱。

因为他过度为对方着想，所以处在有话想说却不敢说的状态。

于是，我提出建议："先把顾虑对方的想法减为现在的一半，然后以你觉得有些犀利的态度把想法传达给对方。"

对该学员来说，要对自己重视的对象少一些顾虑，想必是高难度的任务。因此我非常能够体会他为何会说："拜托！别如此轻松地回答！"

不过，我的职责是必须明确告诉对方应该做什么改变。所以我会刻意以"事不关己"的态度来看待对方。

这就是客观看待事物。

如果客观看待事物，就能够冷静整理出现状"哪里不OK？哪里OK？"。

举例来说，假设有一间办公室里的东西放得乱七八糟，都没有人整理。员工以"这些文件是明天开会要用的资料"或是"以后还会用得到这条电线"等说法为借口，更惨的是还错下结论说："所以，现在这状况不是乱七八糟，是确实做过整理了。"

如果站在咨询顾问的立场客观看待此事，就会清楚知道是整理的动作做得不完善。

不过，大家千万不要贸然下定论。

客观看待事物并不是要对他人做出冷漠判断的意思。如字面意思，客观看待事物是指"以顾客的观点去看待"。

只要懂得客观看待事物，自然就会有心为对方着想。

我是日本关西人，所以经常会去吃大阪烧和章鱼烧。有一次到某家大阪烧店时，我看到店家一个非常贴心的举动。

大阪烧店里的每张桌子都备有手持式小镜子，虽然男生不太会拿起小镜子，但女生就会不时拿起来看看。

原来小镜子是用来检查牙齿有没有沾到海苔的。

一个人能做出这般贴心的举动，就表示他懂得客观看待事物。懂得站在顾客立场来看待事物的人不论做生意也好，做判断也好，都会很成功。

主观
自己的视角

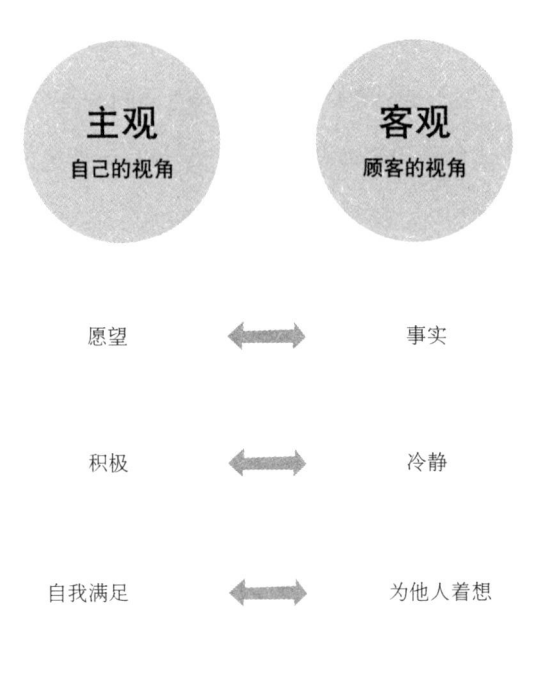

客观
顾客的视角

愿望 ⇔ 事实

积极 ⇔ 冷静

自我满足 ⇔ 为他人着想

主观与客观

05 推想：

试着怀疑，去否定"做不到"

所谓的"常识"真的是正确观念吗？如果以这样的角度来思考，不仅能够提升判断的质量，也可能会有意外的新发现。

是否听过日本源义经[1]的一之谷之战？那是一场反败为胜的战役。

在这场战役中，敌营设在山谷下，后方是马匹不可能往下跳的悬崖峭壁。

---

1. 译注：源义经是日本平安时代末期的武士，是日本人所爱戴的传统英雄之一。其生涯富有传奇与悲剧的色彩，所以许多故事、戏剧中都有关于他的描述。

询问当地的猎人，猎人回答："我看过鹿往下跳，但如果换成马或是人，不可能跳得下去。"

然而，源义经做出"既然鹿能跳，马为什么不能？"的假设。于是，源义经派人把十匹马推下悬崖。结果马匹当中虽然有部分骨折，但有的平安无事地跳下了悬崖。

看见这状况后，源义经跃上马背冲下悬崖，展开突击。源义经从出乎预料的方向发动攻击，敌军彻底被击溃。

源义经令人钦佩的是，当他面对"不可能往下跳的悬崖"时，做出"搞不好有可能往下跳"的逆向思考。并且还把十匹马推下悬崖进行确认，为自己的假设取得佐证。

像这样做出假设，并设法取得佐证的做法，可以说是做出好判断不可或缺的行动。

大胆的假设都是来自"质疑常识"。之后只要借由"取得佐证"，自然就会对颠覆常识的判断有信心。

06 身为领导者的判断：

把判断分类成七大盒

团队领导者的判断可大致分为七种，称为"七大判断盒"。

当部属要求领导者做出判断时，很多领导者会感到迟疑或做出错误判断，多数原因是出在判断盒的种类太少。

所以身为领导者在做判断时，必须事先掌握"七大判断盒"。

认可、否决

这属于在决定之际，要做出接不接受的判断。这是在"可以做出明确决定"时所使用的判断。

保留

这属于为了提升判断的准确度，所以选择"晚一些时候再做出决定"的判断。不过，如果此时没有切实进行信息搜集和评估等动作，就会变成纯粹是在"拖延"。

另外，因为把判断期限往后延，将会产生风险，所以保留紧急性高的判断，反而有可能会降低判断的质量。

延期

这属于在尚未定期限的状况下，请求延后期限的判断。这时若是被允许可以延后期限，就能够采取搜集信息或进行评估等动作。

当然，必须考虑到有可能无法延期，所以也要事先想好无法延期时该如何做出判断。

有附加条件的核准

只要达成某条件就予以接受的判断。此时的重点在于给予明确条件，好比说"经费若低于十万日元就予以核准"等等。这是在"状况有可能改变，或自身无法立刻做出判断"时所使用的。

委任

当有比自己更适合做判断的人选时,托付给其他人去做判断。举例来说,有些状况会把判断委托给具有专业知识的人,而托付部属做判断也属于委任的例子之一。

委任的重点在于不可以"撒手不管",后续追踪掌握的动作也很重要。

忽视

这属于不做判断的判断。

举例来说,当必须做出重大判断时,下意识地刻意忽视,就是属于这一类的判断。

当部属寻求建议时,基于训练部属的想法而刻意忽视,也属于"忽视"的判断。

只要在脑海里想象这七大判断盒,再搭配状况思考"要放进哪一个盒子",就能培养出快速且明确的判断力。

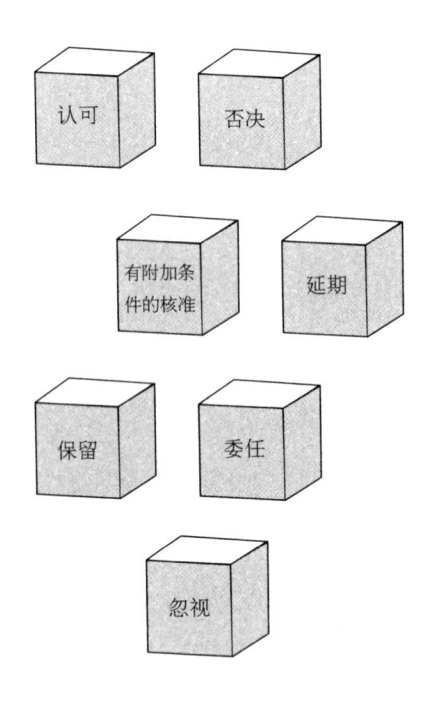

七大判断盒

07 "高级主管"的含意：

抱持"我要去执行"的意识

在工作上有时会被迫面对痛苦的判断，也就是做"舍弃"的判断。此时面对的状况是：不得不舍弃自己或同伴重视的事物。

为了做到舍弃，不只需要勇气，更重要的是"判断主轴"。

假设有六个人搭上限载五人的船只，结果导致船只进水。

此时或许会产生"大家一起努力设法把水倒出去"的心态，但假如不请其中一人先上岸，将会使船上所有人都沉入海里。

在这种状况下，如果脑中只有"大家都很重要"的想法，会无法做出判断。这时必须给自己一个判断主轴。

看你的判断主轴是要"解救弱者"还是"成功前往目的地"？决定以什么为判断主轴都是依自身的想法而定，没有所谓的正确答案。

不过，会有错误答案，就是做出"大家一起继续坐在船上努力"的判断。

做出舍弃判断之际，不能只看当下，而是要重视未来。如果不以"为了将来着想必须舍弃某事物"的观点来思考，就无法为这痛苦的决定做出正确判断。

为将来着想而大胆做出舍弃的判断，可促使"将来更早到来"。

有个英文单词 executive（高级主管），字源是 execute（执行）。究竟是执行什么？据说是为了能做出行刑处死或破坏行动等的"舍弃判断"而"执行力量强大的人"。

职位爬得越高，就越需要做出舍弃判断。

Part 1

判断的基本原则

YES OR NO

思考时不偷懒 = 重视流程

08 重视流程：

懂得做出好判断的人，都会按照步骤行事

　　判断是一种技巧。透过学力或学历展现所谓的"聪明"，和不懂得判断是两回事。世上有一堆例子指出，就算一群被认定聪明绝顶的人聚集在一起，也未能够做出判断，甚至做出错误的判断。

　　事实上，有一个常用手段可以让人懂得如何做出判断。

　　就是清楚理解判断的流程。

　　也许是因为学校教育的关系，所以我们总会忍不住去思考："什么才是正确答案？"不过，如果抱有这样的想法，就会做出错误的判断。为什么这么说呢？因为判断并没有所谓的正确答案。

大家听到"判断没有正确答案"时，或许会不太明白意思。

举个例子，请大家回想以往做过的重大判断。升学、就业，或是挑战新事物等等，什么都好。请大家回想一下当时所做的判断，你能够笃定地说，自己当时做了正确判断或做了错误判断吗？

判断结果会因为判断者的内心感受而改变。说得极端一点，只要本人觉得是好的，就会是"好判断"，而如果本人觉得搞砸了，就会变成"坏判断"。

不过，毕竟是主观，不能证明所做出的判断究竟是好是坏。

也就是说，判断没有绝对的正确答案。

"那到底什么才是正确判断？"我依稀听见有人如此发问，大家理所当然会有这样的疑问。既然没有正确答案，究竟要以什么为依据来说"正不正确"呢？

答案是"采用正确的方法"。

判断有其正确的方法，也有应遵循的步骤。从开始思考到做出判断的各个步骤当中，会有检查重点，像是"是否有考虑到时间？""证实过是正确信息吗？"等等。

这就是所谓的"判断流程"。

想做出一道美味料理时，会有料理的烹调方法。一样的道理，判断也会有"正确的判断方法"。

那么，正确的判断流程是怎么样的呢？举个例子好了。

据说"乐天"的三木谷浩史社长在创立网络商场事业之前，针对各式各样的事业进行过评估，他当初列出多达一百种以上的事业，像是连锁面包店也是创业候补名单之一。三木谷浩史社长是在针对名单上的事业进行分析后，选择了网络商场。

这意味着他执行了好判断不可或缺的"比较与分析"流程，执行后的结果，三木谷浩史社长顺利获得了如今的成功。

懂得做出好判断的人和不懂得做出好判断的人有个不同之处：就在于是把焦点放在"结果"上面，还是放在"判断手段"，即"流程"上。

若是把焦点放在流程上，就能得到下列的好处：

- 下一次做判断时，能够拟出具体的改善对策；
- 因为照着正确流程走，所以能够对判断产生信心；

- 借由意识到流程，可做出高准确性的判断。

相反地，习惯把重点放在结果上的人就容易陷入下列状况：

- 认为失败是因为运气不好或受到外部因素的影响；
- 因为无法接受自身所做出的判断，所以会变得不安；
- 为了追求正确答案而无法做出判断。

虽然我研究的篮中演练是一种"评估判断力的工具"，但并不是在评估判断结果的好坏，而是在评估整个判断的流程。因此，只要使用这个工具，就会清楚知道为了做出好判断，目前还少了哪些流程。

判断准确度较低的人之中，多数人绝非缺乏判断力，而是在判断时漏掉了某个步骤，或是反过来把步骤弄得过于繁杂。

意思就是说，为了做出好判断，必须把焦点放在判断的过程上。对此，我称之为"重视流程主义"。

09 决定的流程：

该走怎样的路径，就怎么走

前面一直提到流程，现在就来思考应该照着什么样的流程走，才能做出好判断。

如同象棋在某程度上会有一定的走法，判断也有使用的方法。简单来说，只要照着下列的流程走，判断错误的概率应该就会降低。

- 发现问题；
- 假设、搜集信息；
- 确立对策；
- 调整；
- 决定；
- 执行。

以上的步骤我们称为"决定流程"。如果缺少或疏漏其中的步骤,将会影响判断的准确性。

接下来针对各个步骤,为大家做简单的说明。

发现问题

此步骤的目的在于掌握问题。察觉到问题后,判断的内容也会随之改变。即使是相同案例,发现问题的角度也会因人而异。

假设、搜集信息

针对问题做出假设并取得佐证,进而证实其真假。如何做假设以及分析所搜集的资料内容,将会大大影响判断的准确性。这时不应该盲目地搜集资讯,要设法在有限时间内筛选出更多有效信息才最重要。

确立对策

针对问题想出点子,进而拟订对策。这时不是只要想出点子就好,而是要锁定范围、进行比较、挑选,最终加以具体化。这时也必须保有可跳脱常规的灵活思考,像是搭配各种信息来拟订对策,或让一切归零来思考等等。

调整

做好准备或事前交涉，促使思考出来的对策能顺利进行。举例来说，调整是指不在会议上突然公开打算采取什么对策，而是事前与关键人物取得联系并进行讨论，事先取得对方同意等等的动作。透过采取"调整"的方式，就能事先排除障碍，顺利推动案子。

决定

做出最终判断并传达出去。这时的重点在于：传达判断时采用的方式。传达时必须有坚定的态度，即使对方提出反对意见，也要清楚表达自己的想法。明确传达自己的想法可以说是判断的主要核心。

执行

将做好的决定具体地变成计划或日程表，并且把周遭的人拉进来一起执行。这时必须持有 5W1H[1] 的观点，像是

---

1. 译注：5W1H 是指 When（何时）、Who（何人）、Where（何地）、What（何事）、Why（为什么）、How（如何进行），是用于说明执行工作的原则手法，常被广泛运用在各种工作上。

"这次要请谁一起参与?"或"时间点要设在什么时候?"

在面临紧急状况而必须做出高难度的判断时,上述流程是不可或缺的。

我们以真实故事改编的电影《萨利机长:哈德逊奇迹》(*Sully : Miracle on the Hudson*)为例,一起来思考吧!客机在高度三千英尺(1 英尺 =0.3048 米)处发生引擎停摆,萨利机长确实掌握问题点,试着重新启动引擎(假设和搜集信息)。机长针对有哪几处机场可让客机折返回去来进行比较后,做出"让班机降落在眼前的哈德逊河上最为恰当"的结论(确立对策)。机长通知航空管制员和乘客(调整),并决定迫降哈德逊河(决定),最后让飞机在靠近码头的河上降落(执行)。

如果当时疏忽了其中某个步骤,事情会如何演变?说不定会在前往某机场的途中,因为高度不足而坠机。也有可能发生已经降落在河上,救援人员却还没有赶到现场的事态。

所谓的判断达人,就是像这样即使面临紧急状况,也能切实照着流程走。

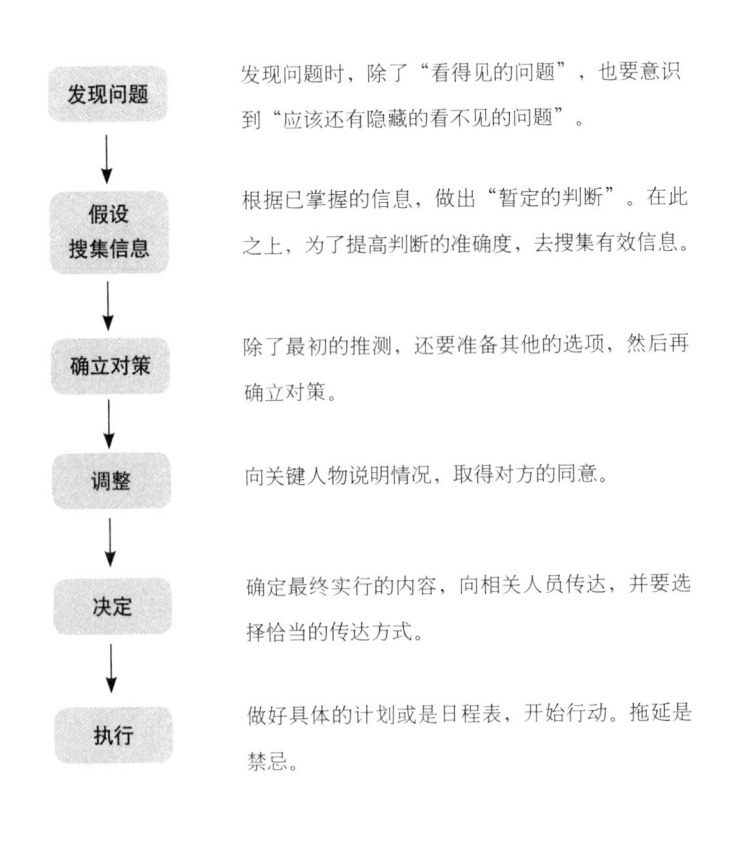

发现问题	发现问题时，除了"看得见的问题"，也要意识到"应该还有隐藏的看不见的问题"。
↓	
假设 搜集信息	根据已掌握的信息，做出"暂定的判断"。在此之上，为了提高判断的准确度，去搜集有效信息。
↓	
确立对策	除了最初的推测，还要准备其他的选项，然后再确立对策。
↓	
调整	向关键人物说明情况，取得对方的同意。
↓	
决定	确定最终实行的内容，向相关人员传达，并要选择恰当的传达方式。
↓	
执行	做好具体的计划或是日程表，开始行动。拖延是禁忌。

判断的流程

10 发现问题：

不要只拘泥于"看得见的问题"

"发现问题"为判断的起点，判断的内容将会依发现的问题而有所不同。

发现问题是让我们找出"应该判断什么"的步骤。

正因为如此，才更需要从各种角度来思考"问题出在哪里"。

我们公司的办公室前阵子发生漏水事件，原因似乎是当天的雨水是斜着打进来的。

虽然漏水现象没有太严重，但我们还是请求大楼查明原因，结果负责的人员说："很少会下这种斜着打进来的雨。"意思就是，对方认为漏水现象已经停止，所以没什么好担心的。

然而，过了几个星期后，办公室里又开始漏水。

我们提出抗议，并展开大规模的调查，最后发现是因为大楼的墙壁出现裂缝。

有人会像这个例子一样只看眼前发生什么问题，也会有人去思考："为什么会发生这种事情？"两者发现问题的观点是有所差异的。

发现问题的观点足以影响判断的内容和准确度。

只看眼前发生什么事情的人，只会做出表面性的判断。会去思考"为什么"的人，就能够做出本质性的判断。

也就是说，不只针对"看得见的问题"，找出"看不见的问题"是不可或缺的动作。

所谓看得见的问题，是指眼睛实际看到的问题。上文的例子来说，"漏水"就是看得见的问题。

所谓看不见的问题，是指导致问题发生的原因。大楼墙壁的裂缝就是看不见的问题。"为什么会出现漏水？"借由思考这个问题，即可找出原因。

只要拥有这两种思考模式，就可以免除"有可能再发生漏水"的风险。另外，还会思考到"其他地方也有可能漏水"，如此便可学会以更广泛的范围来捕捉问题。

有多少个问题，就会有多少种判断。只能发现一个问题的人，就只能做出一个判断。相反地，能够发现各种问题的人，就能解决各种问题。

有时候看不见的问题和看得见的问题会复杂交错。因此，有时就算解决了一个问题，还是会再发生其他类似问题。

想要完全解开错综复杂的问题，或许会很困难。不过，如果因为这样就丢在一旁不管，只会使问题越来越严重，也会越来越难以解决。

所以随时意识到看不见的问题，并切实排除是非常重要的。后面我们会提到"海因里希法则"，请大家同时参考这个法则，设法去发现并解决看不见的问题。

问题的关联（因果关系）

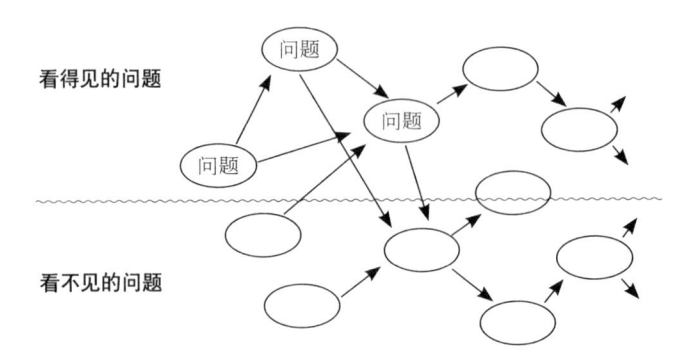

看得见的问题

看不见的问题

"看得见的问题"与"看不见的问题"

11 符合需求：

千万不要忽视"前提"

明明做出正确的判断，却被上司臭骂一顿。大家在职场上是否有过这样的经验？

这时或许会让你感到悲观，觉得世上有些事情真的很不合理。不过，搞不好是自己忘了"前提条件"也说不定。

所谓的前提条件，是指在做出判断时绝不能忽略的条件。

假设有一家网络商店正在贱价拍卖高阶计算机。这台高阶计算机不论在功能和规格上都充分满足需求。拍卖数量限量十台，只要半价就能买到。然而，公司的预算很低，只买得起标准型的便宜计算机。即便是贱价拍卖的高阶计算机，还是超出预算。这时如果决定购买这台高阶计算机会是好的判断吗？以这个例子来说，预算会是判断的前提条件。

为了提升判断的准确性，确实达到前提条件非常重要。

若是说到商业上的前提条件，可举出像是社会规范、规定，或是公司方针等等。如果无视公司的规定或方针，就算达成目标，也不能算是优质的表现。

商业上有一种概念称为"守规"（compliance），意指遵守、服从法令。若是在守规上出问题，即使业绩表现良好，还是有可能接受社会的制裁。

因此，前提条件的重要性不容忽视。

商业人士当中，有些人会太逞强而损及身体健康。这也是在忽视前提条件之下做出判断的结果。一个健康状况不佳的人再怎么努力，都无法提升绩效。当判断逼迫在眼前时，人们一不小心就会很容易疏忽掉前提条件。正因为如此，思考"前提条件是什么"更是不可或缺的重要动作。

12 "做决定"的树形图：

还有没有其他选项

进到餐厅看了菜单之后，发现菜单上只有汉堡肉排套餐。如果遇到这种状况，大家应该会觉得不对劲，内心会产生疑问："没有其他选择吗？"

为什么会有这样的反应？原因就在于无法做出比较。就算那家餐厅的汉堡肉排套餐非常好吃，但如果没有跟其他选项做比较，就无从得知这个选项是好或是坏。

"该怎么做才好？"当我们在思考这个问题时，如果只得到一个选项，将无法做出判断。

不过，面对这种状况时，就要自己设法去找出选项，进而扩大判断的范围。

为了做出判断,"进行比较"是重要的步骤。"选择哪一个比较好?"借由这样的比较动作,可提升判断的准确性。

在这个步骤中,不见得一定能事先就知道有哪些比较对象。

假设要购买办公用品,如果决定"去买每次都会买的东西",就等于没有进行比较。这时如果去寻找可替代品,并进行价格和功能上的比较,就会做出好的判断。

分析选项的重点就在于以不同的角度来思考。举例来说,当客户或上司约你一起去打高尔夫球时,不要认定"我一定要去才行",而是要让自己多一个"索性拒绝对方"的选项,针对两个选项的好处和坏处做比较。光是如此,就能提升判断的准确性。

也就是说,借由自己去找出选项进而来思考,就可以让人做出好的选择。

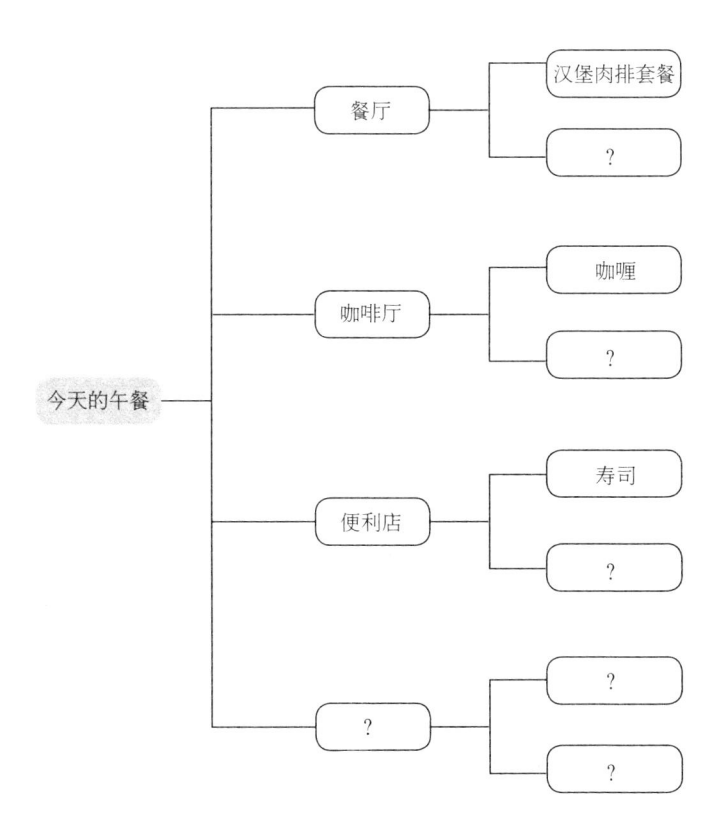

```
                                    ┌── 汉堡肉排套餐
                        ┌── 餐厅 ────┤
                        │           └── ?
                        │
                        │           ┌── 咖喱
                        ├── 咖啡厅 ──┤
                        │           └── ?
        今天的午餐 ─────┤
                        │           ┌── 寿司
                        ├── 便利店 ──┤
                        │           └── ?
                        │
                        │           ┌── ?
                        └── ? ──────┤
                                    └── ?
```

增加选项

045

13 时间的经过与结果：

拥有"短期"和"中长期"两种眼光

进行判断时，必须保有时间轴。意思就是不能忘记保有"短期眼光"，以及"中长期眼光"。

以我自己为例，以前我有过敏性气喘，要经常跑医院看病，直到念大学时才治愈。气喘发作时不仅要忍受无法呼吸的痛苦折磨，有时还会陷入呼吸困难，是一种攸关性命的可怕疾病。

有次我因为气喘发作就医，医生建议我服用一种药物。当时医生这样做说明："如果服用这个药，就会立刻停止气喘。不过，以后可能会产生副作用。"

医生不仅要我做出短期的判断，还要我做出中长期的判断。

像这样在判断事物时，必须针对"目前"和"未来"分开进行判断。

短期的判断因为具有紧急性，或许比较容易进行思考。

相较之下，中长期的判断就不容易预测状况。不过在判断时，一定要意识到"未来会怎样"。

中长期的判断是要看"可持续带来多少正面的影响"。因此，即便就短期来看会是负面影响，也必须以"在未来可取得利益"的角度来思考。

只要具有未来性，哪怕现在发不出嫩芽也要持续浇水，这就是一种中长期的判断。

话虽如此，但如果判断基准过度偏重于"赌上未来的可能性"，在未来到来之前，就有可能会先造成过大的牺牲。

重点在于：凡事都有短期以及中长期的判断，就看你懂不懂得在"同时考虑两者"之下做出判断。

正面影响

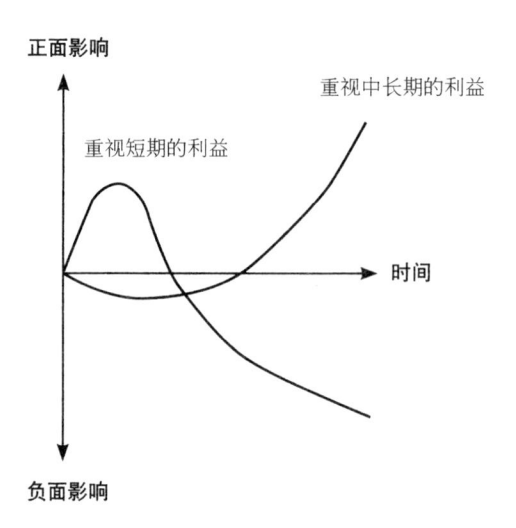

重视短期的利益

重视中长期的利益

时间

负面影响

短期的利益与中长期的利益

YES OR NO

果断＝排除干扰

14 时间限制：

让自己有"割舍的勇气"

我研究的"篮中演练"在进行考试时，通常会请考生在约六十分钟内挑战二十个案件。当然了，只要肯努力，六十分钟内要完成二十个案件并非不可能，但我们会把试图处理完所有案件的考生视为"问题考生"。

原因就在于这些考生不懂得取舍选择。

我们会有错误的既有观念，其中之一就是觉得"必须做完每一件事"。

对于自己接下的工作，必须全力以赴，一一做到。这样的观念只有在还算是社会新人身上才行得通。为什么呢？因为时间会受到限制，所以"在有限的时间内决定好要做什么，以及不做什么"很重要。

"真的有必要吗？"只要思考这点，自然就能学会取舍选择。

不仅如此，还必须以量化来思考"必要性"。也就是说，要去推想如果不做某件工作，可能会带来什么样的损失？会给谁带来困扰？

懂得以量化来思考之后可能会产生的影响，就会知道有些工作"不去做也没关系"，因为并不会有太大影响。也就是说，如此的思考将让你懂得如何割舍。

如果觉得每件事都很重要，最后会落得无法完成所有工作的下场，更不会得到好成果。正因如此，你必须懂得做出割舍的判断……不，应该说必须有割舍的勇气。

15 优先级：

懂得做"判断之前的判断"

在工作的时候，突然各式各样的工作如雪片般飞来，忙得团团转。遇到这种状况时，在针对每一个工作做出判断之前，必须先决定优先顺序。也就是说，先决定要从哪一个工作开始着手判断或处理。

如果没有决定好优先级，不只每件事情都会变成半吊子，还可能会拖延到重要的判断。所以，如果不懂得做出"决定优先级"的判断，就无法带来好结果。

决定优先级时，第一步骤是要看过一遍所有的工作，并逐一整理。借由这个"掌握整体状况"的动作，能有助于"正确地定出优先级"，有时还能因此察觉到工作间的关联性。透过整理的动作，能帮助你决定在当下必须先判断哪些事情。

假设电子信箱里塞满了邮件，你决定从最早的那封邮件开始着手处理。此时可能会发生一种状况，回信之后再看另一封邮件时，才发现原来状况已经改变。

当自己手上同时负责多个工作时，一定会有想要尽快处理好一件算一件的心情，但遇到这种状况时，才更需要判断如何决定优先级。

那么，应该如何决定优先级？最基本的动作就是以"紧急性"和"重要性"两大主轴来整理工作。

所谓的紧急性，就是指"截止日期"或"提交期限"等时间轴。

重要性则是指如果没有处理该案件会带来什么影响。具体来说，可能是不做出某判断就会"产生多少损失"，或"可能会对什么人造成影响"等等。

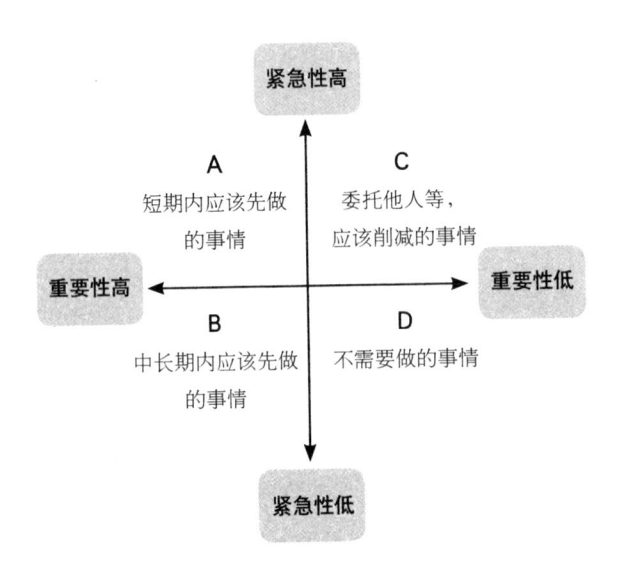

```
                    紧急性高
                      ↑
            A         |    C
      短期内应该先做   |  委托他人等，
          的事情      |  应该削减的事情
                      |
重要性高 ←————————————+————————————→ 重要性低
                      |
            B         |    D
      中长期内应该先做 |  不需要做的事情
          的事情      |
                      ↓
                    紧急性低
```

优先级的矩阵

16 判断的主轴:

具体定出"重要性的高低"

我们再多探讨一下"决定优先级的重要性"。如果没有掌握住某种基准,就会很容易陷入"每件事都很重要"的状态。"具体定出重要性"的这个判断主轴是不可或缺的。

在我们做的判断当中,多数人会以公司方针或个人想法为判断主轴。

所谓的公司方针,可能是公司的工作内容、上司的想法或部门的目标等等。

个人想法是指:"自己希望以什么为重呢?"

我之前在某间超市工作过,该超市重视的是,"以最便宜的价格提供高质量的商品给顾客"。所以,我就要以这点为判断主轴。

至于现在，我所重视的是如何把篮中演练这个工具和想法传达给更多人知道。

接到新书企划案或杂志的采访邀约时，如果不是有助于篮中演练普及化的内容，我都会予以婉拒。对于公司内部发生的争执，我也会去思考：这样做会对篮中演练的普及化带来多大的影响；思考后，有时甚至会选择不加理会这些争执。

我属于凡事都想尝试的人，所以无论接到任何内容的采访邀约或撰写文章的委托，其实都会有一股想要接下全部委托的热忱。不过，如果接下，就会没时间做真正想做的事情，因此才会刻意舍弃。

正因为有了这样的判断主轴，我才能针对各种判断定出优先级。依此主轴思考后，有时也必须做出如此的判断：舍弃或不执行某些事。

像这样定出"以某事为重"的主轴，可说是决定优先级或做出取舍选择时的基本动作。

17 帕累托法则：

看清什么才是"真正重要的两成"

在决定优先级时，有一个大家经常会使用的法则，也就是"帕累托法则"。帕累托法则是由一位意大利经济学家帕累托（Vilfredo Pareto）所提出，被称为"二八法则"。

简单来说，帕累托法则的概念是指"有八成的成果是靠着整体当中约两成的人所达成"。举例来说，"世上八成的财富是由整体社会处于上流的两成富裕阶级所持有""两成的优秀员工创造出公司的八成成果""公司所销售的商品当中，有两成的产品占了八成的公司营业额"等等。

帕累托法则指出"一切并非均等"的事实。此概念也可套用在我们的日常生活上，告诉我们一小部分的事物有时会占整体的大部分。

这表示我们也可以换一个思维，告诉自己应该做的事情并非"每一件事都很重要""只有极少部分才是重要的事"。

在无数的应做事项或应判断事项之中，或许只有极少部分的事能真正带来成果。其实为了达到自我满足，或因为惯性而去做某事的例子并不少见。

帕累托法则告诉我们，判断事情时要专注于必须做判断的事情上，这样才能高效获得成果。

请在决定优先级时，记得回想一下帕累托法则，豁出去地告诉自己："如果不去做就会受到严重影响的工作，不过占了整体的两成罢了。"这样的想法是一种提示，让我们知道该如何决定优先级。

相信也有人肩负重担，必须处理无数重要的事情，这时要刻意筛选到只剩下三件事左右，针对这三件事定出优先级。为了守护重要的事物，有时是不得不刻意选择舍弃其他事物的。

18 检伤分类：

定出"不需要做的事项"

优先级的判断是指排出应处理事项的顺序，但若是遇到更高级别的状况，那就不是要懂得排出顺序，而是要懂得做出刻意不处理的判断。

假设发生紧急状况，一大堆必须做出决定的事情摊在眼前，在这种情况下，不可能处理完所有事情，所以比起排出顺序，"取舍选择"更加重要。

当发生严重灾害而出现多数伤员时，在医疗上会实施的检伤分类即是做出"取舍选择"的判断之一。

若状况已超出时间或人员可负担的范围时，即便有心想要治疗所有伤员，还是必须做出像是"给予治疗者"和

"不给予治疗者"等分类。

医疗上的检伤分类会有黑色、红色、黄色、绿色,共四种颜色的牌子,用来系在患者身上。

黑色代表已死亡或无生命迹象。红色代表有生命危险的重伤患者。黄色代表虽然目前没有生命危险,但若置之不理,有可能会恶化。绿色代表无须即刻予以治疗的患者。

上述检伤分类有明确的基准,例如有无呼吸、呼吸次数或意识状态等等,并且要依照基准来进行分类。

这时的重点在于为了提升整体效率,即使不得已必须做出"不做""割舍"的判断,这些也都是遵照明确的基准所下的决定。

19 灰色地带：

把心思花费在一时无法做决定、却应该深思熟虑的事情上

针对必须做判断的事情，可以分成"几乎可以毫不犹豫就做出判断"以及"不知道该怎么判断才好"这两种情形来思考。

假设走在路上时，街上的推销员跑来跟你搭腔，这时你应该会果断地做出拒绝对方的判断，而不会迟疑地想："我该听对方说话吗？还是应该不要理会比较好？"再举一个例子，当你看见有人受伤，而且对方拜托你帮忙叫救护车时，想必会立刻采取行动吧。

在工作上，也有很多像这样可以毫不犹豫就采取行动

的判断。就如以下的状况：

- 具有明确的基准，可照着基准做出判断（可根据公司方针或公司规范来做判断）；
- 攸关生死的状况（危险行为或预防事故等等）。

不过，在工作上有些判断是无法立刻做出决定的，也就是指不知道该怎么做才好的"灰色地带"。举例来说，如下列状况：

- 影响范围甚广的状况（该结果会对公司或客户等多数人造成影响的判断）；
- 倘若失败就会蒙受莫大损失的状况（有可能导致发生高额亏损、伤及信用、品牌的判断）；
- 局势有可能剧烈改变的状况（从未发生过的意外、不知道对方会怎么出招）；
- 针对未来的战略或长期计划（确立方针或年度计划等可预测影响未来的判断）。

针对这些属于灰色地带的判断，必须经过深思熟虑才行。借由搜集信息、与周遭的人讨论，或思考有没有其他方法等动作，切实执行"可提升判断准确性"的步骤。

这时的重点是：先思考"应不应该深思熟虑"，再把心力投注于必须深思熟虑的判断上。

YES OR NO

降低不确定性 = 风险管理

20 "自以为"的风险：

说不定情况已经有所改变

如果想要更进一步提升判断的准确性，必须把"自以为"抛到脑后。

尤其需要当心"自以为知道"。明明已经有新的信息，却以为旧信息很可靠，这就是"自以为知道"，最后因为用了旧信息导致失败。相信应该有不少人尝过这样的痛苦滋味。

举例来说，因为没时间所以想要草草解决午餐，于是心想："对了，那附近应该有一家麦当劳！"实际过去一看，才发现车站前面已经重新整修过，简直像换了个地方，麦当劳早就不在那边了。

因为"自以为知道""自以为有所掌握",而导致与现状出现落差时,将无法做出正确判断。

因此,在做判断时,即使是你早已知道的事情,也必须确认是否有新的信息,更新一下脑袋里的数据库。

做出重大判断之际,"掌握状况"是不可或缺的动作。

假设在决定部属的人事变动时,上司想起曾听说某部属要照顾生病的长辈。不过,上司没有因此夹带私情就做出取消调动该部属的判断,而是选择询问本人现状。这就是掌握部属状况的动作。

我们必须认识到自己所知道的事物中,很多都是"自以为知道",所以在进行判断时,千万不要忘记取得新信息,重新整理脑袋里的状况。

21 "信息来源"的风险：

那是千真万确的信息吗？①

进行判断时，成为判断依据的信息非常重要。不过，信息也有好坏之分，判断的准确性会因为信息的质量而有所改变。

首先，必须留意信息来源。因为如果来源不可靠，就会缺乏可信赖度，最后导致判断错误。

之前某企业邀约我去演讲，我向部属确认该公司介绍及地点等信息，但在确认这些信息时，我一定会要求部属取得佐证。此时我会特别留意信息来源。

电视购物节目推销健康食品时，有时会看到画面上出现"效果高达百分之九十八"的字幕，但还会有一行小字写着"根据本公司调查结果"。像这种状况，就算有数值可参考，我也会产生质疑。

像是"同行间顾客满意度NO.1"的说法，如果是出自一家不曾听过的调查公司，也应该要设法取得佐证。

有位新闻记者来采访我关于篮中演练的内容，我据实以告。然而，新闻记者在最后对我说："请您把上过这个培训课的人介绍给我。"

也就是说，对于篮中演练培训具有效果这件事，如果光是从安排培训课程的我这里取得信息，那么信息来源将会缺乏可信赖度。

正因如此，记者才会想要和学员取得佐证。不过，即便是取得了佐证的报社，也会有误判信息来源而做出严重错误报导的时候。虽然有时想要调查信息来源是否可靠并不容易，但这却是非常重要的。

22 "定性信息"的风险:

那是千真万确的信息吗？②

信息的解读会因人而异，必须多加留意这点。

假设朋友邀请你参加他的婚宴派对，并告诉你只要穿着轻便服装参加就好。

于是，你决定穿着牛仔裤搭配 T 恤，当进到派对会场后，却发现大家都穿着正式服装，只有自己显得格格不入。这类事情就是因为取得错误的判断信息所造成的。

所谓的"轻便服装"是指什么样的服装？答案会因人而异。你认知的轻便，和周遭的人所认知的是不同的。

"多""少""应该""差不多……""不太……""贵""没问题"。日常会话中使用的字眼简单易懂，但这类"定性信息"

是造成会错意的原因。

信息可分为"定量信息"和"定性信息"两种。

所谓的定量信息，指的是可以在固定范围内捕捉到的信息。金额或达成率等即属于定量信息。因为定量是数值，所以有相当明确的判断基准。

另一方面，定性信息并无法数值化。因此，这类信息的解读才会因人而异。

在进行具有重大影响的判断时，不能以这种定性信息来做判断。

虽然我们会很容易就相信自己信任的部属所提出的报告、权威人士的发言，或是媒体报导等信息，但还是要记得把这些信息分为定量信息和定性信息来参考。光是这么做，就能大大减少失误判断。

如果遇到不得不以定性信息为依据来做判断时，试着思考能不能将定性信息加以"定量化"。

所谓的"多"是指"几个？"或"占整体多少百分比？"，所谓的"没那么……"，是指"与什么相比没那么？"，要以这样的思考模式，试着去调查数据。

至于刚刚说的"轻便服装",也可透过向饭店或同样会出席派对的朋友确认具体服装,来加以"定量化"。

判断的准确度会随着对定性信息的不同捕捉方式,而有所改变。

23 为了明日的粮食：

逃避风险会导致无法做出判断

无法做出判断的人有一个共同毛病，就是"过大评估风险"。

风险这个字眼具有多种含意，这里说的风险是指"因某判断或行动的结果所产生的损失"。也就是指虽然还没有表面化，但有可能表面化的问题。

我们假设你对潜水很感兴趣。你发现一家潜水店正推出免费体验活动，犹豫着该不该去参加。既然很感兴趣，又可以免费潜水，照理说应该不会犹豫才对。但此时让你犹豫不决的原因就在于风险。

因为你会想象风险：万一溺水怎么办？如果运气差搞

不好还会没命。虽然可以免费体验，但说不定店家是想推销昂贵设备，那就头痛了。这也是一种风险。

判断总是会伴随着风险，但判断能力好的人懂得如何巧妙面对风险。

那么，该如何巧妙面对风险？

首先，不要凡事都想着要逃避风险，而是要看清楚风险是否在可允许范围内，再勇敢面对挑战。为什么要这么做？因为如果持续逃避风险，将无法向前迈进。

风险不是该逃避的存在，而是要去控制它。持有这样的认知，才是正确的判断思考。

风险（risk）这个字眼源自阿拉伯语，意指"明日的粮食"。意思是为了取得明日的粮食，选择积极挑战才是好判断。

另一方面，判断能力好的人不会忘记设法降低风险。他们会设法在发生风险时，让伤害降到最低。

举例来说，保险就是最具代表的降低风险的方法。到国外旅行时可以投保海外旅行平安险，另外也有针对汽车、自行车或火灾等风险的保险。

在判断某事物时，请试着掌握会有什么样的风险，并思考该风险是否在可允许范围内，以及思考能如何降低风险表面化时会带来的伤害。如此就能够做出积极的判断。

24　海因里希法则：

不要忽视让你心头一惊的经验

进行判断时，在看不见的问题当中，尤其需要留意"被遗漏的风险"。

在这里跟大家说明一下"海因里希法则"（Heinrich's Law），在思考风险时，它是常被拿来当成代名词使用的法则。

这是由赫伯特·威廉·海因里希（Herbert William Heinrich）所提出的经验法则，他曾在美国一家保险公司工作。此法则是指：一起重大事故的背后，发生过二十九起轻度意外，而在二十九起轻度事故背后，发生过三百起会"让人心头一惊"的事件。

海因里希法则告诉我们：重大事故并非偶然发生，是理应发生而发生。意思是，即使当下很幸运地只发生轻度事故，也必须把它视为引发重大事故的征兆来看待。

日本发生熊本大地震时，曾有部分媒体的卫星转播车硬是插队，挤进大排长龙等着加油的车阵之中，甚至有记者在自己的推特分享采访时吃的便当。

虽然电视台都各自出面道歉，并承认员工做出了对受灾地区欠缺同理心的行为，但这并非偶然发生的事情。我们可以认为这并非个人问题，而是整体报导媒体的道德水平低落。

道德水平低被多数人视为问题，若依照海因里希法则来解释，或许在日常行动中早有不当及傲慢之处。报导媒体必须要有意识地认知问题，切实理解"要是当初切实逐一解决问题，就不会发生这样的状况"。

我们也是一样，在发生失误时不要认定是"偶然发生"，而是必须懂得思考"虽然这次很幸运没有造成太大的影响，但未来有可能会发生更严重的失误"。借由这样的思考，才能够预防事故的发生。

1 起
重大事故

29 起
轻度事故

300 起
"让人心头一惊"的事件

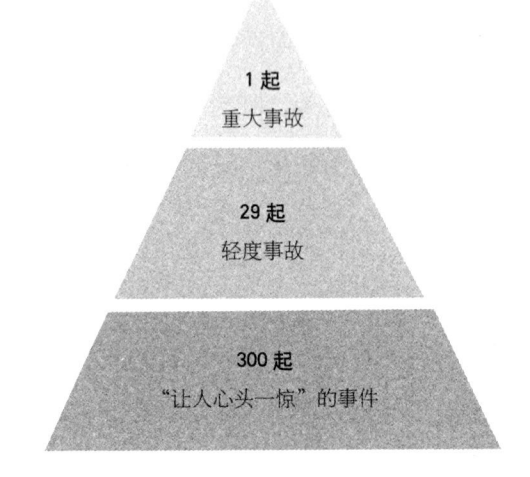

海因里希金字塔

YES OR NO

了解自己的类型＝偏差检查

25 主观的陷阱：

不要依自己的好恶和期望来行动

做判断时，会希望可以得到"客观"的保证。主观介入判断，是造成犯下严重错误的原因。

首先，必须留意如何解读讯息。一旦主观介入后，即使是相同讯息，也会不小心做出截然不同的解读。

假设其他部门的同事告诉你："最近你们部门的某某人和竞争公司有所接触。"

如果这位某某人在你心中是一个优秀的部属，你或许会产生"他一定是想取得竞争公司的讯息，然后好好活用在业务上"的想法。

如果是一个你讨厌的部属，或许就会怀疑他可能向竞争公司透露了什么讯息。

一旦主观介入后，即使是相同讯息也会做出不同的解读。

我们会依照好恶、期望等主观想法来采取行动。不过，只凭着主观想法来做判断，是一种危险行为。

我们必须把自己的想法和事实切割开来，再做判断。

那么，"我到底客不客观？"这部分要问一问自己，作为判断的依据是否合理。也就是说，判断的依据是来自于每个人都能接受的合理依据。

只要是客观的判断，其依据理应会是合理的。

26 成见与妥协：

不要妄下断语，但也不要让步

导致判断准确度降低的原因有很多，在此举出两个具有代表性的原因。

第一个是"妄下断语"，就是以成见来做判断。

前几天我在面试新员工时，有个应届毕业生到了约定时间还没出现。

"怎么回事？"我正纳闷时，便看见这位应试者满头大汗地赶来。他说自己搭错车了。

我如常开始进行面试，但察觉到自己在心里已经给他贴了这样的标签："真是个爱迟到的懒散年轻人""他会是个容易有失误的人"。

一旦有了这样的第一印象，就算应试者在面试时的应对有多么值得称赞，还是会对录用与否的判断造成影响。

只看见一部分便针对一切妄下断语的做法并不好。这样会导致看不清本质。为了不妄下断语，必须"重视事实"。意思就是，设法取得佐证。

另一个会导致判断准确度降低的代表性原因是"妥协"。意思是指找某种理由更改已做出的判断内容。

举例来说，与对方谈判时双方意见不同，最后让步接受对方的意见就是种妥协。毕竟是双方面，所以不可能凡事都照自己的意思进行。不过，即使如此，对于核心部分还是不能妥协。

如果服务质量一流的高级餐厅因人手不足而降低录用标准，说不定就无法提供符合一流水准的服务。

如果像这样因为周遭环境等因素而持续妥协，将无法坚持最初决定好的重要事物。

那么，该怎么做才能预防妥协所导致的判断失误？

首先，明确分出"可让步的部分"以及"不可让步的部分"。

如果坚持一切都不能让步,会让自己动弹不得,而如果凡事都让步,将无法执行原本决定好的事物。

必须明确知道什么是最重要的,清楚知道什么部分会让你说:"就这点,说什么都不能让步!"

27 偏差：

掌握自我判断的偏差

前面说明过，为了做出正确判断，必须照着正确流程走的重要性。

这个章节要来谈谈容易让人陷入自我判断流程的习惯。

我们在做判断时会有什么样的习惯呢？以下举出几个具代表性的例子。

搜证的偏差

只搜集能够合理化自我假设的讯息。譬如一个具有这种倾向的人，他平常习惯服用某种健康食品，看到质疑该食品效用的讯息，他就一概不理，只重视强调具有绝佳效果的讯息。

后见之明的偏差

把事后得知的讯息说成"自己早已预测到会是如此"。具有这种倾向的人,听到某公司倒闭时,就会做出"果然不出我所料,早就知道会倒闭"等发言,将其解读成自己事先早已有所预测。

维持现状的偏差

厌恶事物有所改变,深信"目前是最佳状况"。即使有新提案,也会强调风险或可能导致的成本改变,而主张"目前是最佳状况",这就属于维持现状的偏差。

当下思维的偏差

比起将来的利益,会选择以当下利益为优先。明明是长年需要使用的东西,却只思考当下可以得到多少好处,而选择购买便宜商品,最后落得必须重新购买的下场。这样的例子是属于当下思维偏差的一种。

从众效应

从众效应是指:认定"大多数人所选择的选项才是正确的"的思考模式。比方说看见前方围起人墙,自己就过去跟着排队，最后买下原本没计划要购买的东西，这就是一种从众效应。

光环效应

因为部分醒目的特征，就决定某人或某物的价值。举例来说，听到在眼前说话的人说自己上过电视节目，便认定他是一个了不起的人物，就是受到光环效应影响的例子。

从认知心理学的角度来说，以上这些偏差就是思考习惯。在做判断时，要事先了解自己有哪些思考习气，掌握自己可能具有哪种倾向，就能够防止在判断上出现偏差。

如果想要掌握自己的判断习惯，可以多聆听他人的反馈意见。透过认识的人，询问他们觉得你的判断风格是什么，以此掌握自己的判断特征或疏忽点。

事实上，判断能力好的人会针对自己做出的判断，向身边的人征求意见，并记住自己在判断上有什么习惯。

我推行的篮中演练也会先让学员借由测试，客观地观察自身的判断风格，之后再透过团体合作找出自己与他人的不同之处。

我以前的主管就曾反馈意见给我，像是"你会习惯不取得佐证就做出判断""你会不跟周遭的人商量就自己做出决定"等。

虽然被指出自己的缺点会不舒服,但知道自己的缺点能帮助我们了解自己。如果能因此预防判断失误,将可获得很大的回报。

28 出乎预料的回答：

对方的思考方式不会和自己一样

我曾经在电视上看过，有位求婚者对自己准备的求婚有百分之百的把握，结果对方没多想就拒绝，求婚者因此陷入茫然自失的状态。

以求婚者的角度来说，或许会觉得对方给了一个"与自己的预期截然不同"的判断。然而，就被求婚者的角度来说，那只是一般判断，而不是出乎预料的判断。

在工作上也一样，我们很容易陷入"对方会做出跟自己相同判断"的错觉，然后把自己的思考模式套用在对方身上。

这么多年以来，我透过培训等活动，针对超过一万五千人的判断模式进行分析，不曾遇过对相同案例给出一模一样判断的情形。每个人对问题点的感受都各有不同，在判断上会采用的信息也有所差异。

不仅针对日本国内，我在国外也利用篮中演练做过培训或演讲，到了国外后，我发现这样的倾向更加强烈。我认识到日本人的判断模式有多么特殊，像是过度在意风险，或是会盖上一层薄纱来传达判断。外国人问我："为什么要在意那种事情呢？"

我想强调的就是，对方的判断模式与你截然不同。

请牢记不论是在会议上想要取得赞同，或是想要请长官做出裁决，在对方的眼中，你认知的"一般"会是"非一般"。

对方若是站在组织的立场要做出某种判断时，特征会更加明显。原因是公司组织或精神环境会对判断方式造成极大的影响。

在预测对方的判断时，应懂得分析并识破对方的模式。必须在充分掌握对方的判断模式后，再思考自己要如何做出判断。

29 经验的正负面影响:

不断更新脑袋里的选项

在任何组织里,一定会有一个像活字典般的人存在。那个人如同仙人一样,只要向他请教,总能得到过往案例的分享。

这种人的经验非常丰富,而经验往往会影响一个人的成长。

如果把人们的成长要素分为三大类,就是教育、指导、经验。

据说若是更进一步以比例来分类,经验所占的比例竟高达七成。也就是说,人们的成长绝对少不了经验。

譬如,一个在童子军或社区自治团体里担任过领导者的人，他身为领导者的判断力会比没有经验的人来得高，因为他能把以往的失败和成功经验视为数据库，当需要判断时，把它当作参考依据。

"不对，以前好像遇到过类似的案例。"

有经验者可以像这样在记忆里挖出以前的案例并找出关联，进而作为判断时的参考材料。这称为类似性。

在各种领域被称为专家的人，就是从这样的经验数据库中找出具有关联性的相同案例，来提升自己判断的准确度。

说到此处，大家或许会觉得"只要累积越多经验，判断能力就会越好"。

然而，经验有时也会导致严重的判断失误。

举例来说，职业高尔夫球手在大家都认为绝对没问题的状态下失误，或是总统不小心做出失当发言，这些都可以说是经验导致判断失误的结果。

经验为判断带来的影响，不只是"可透过类似性或关联性来提升准确性"而已。经验还可能导致过度自信或牵强附会。

我在面试新员工时，也有过如此的想法：

"这年轻人是我们公司 A 员工的大学学弟……说不定会是个优秀人才呢！"

一个人的资质不会因为就读的大学不同而有所改变，如果只靠这点就做出判断，将会犯下严重失误。如同我的例子，经验或累积的知识有可能会导致判断的失误。

还有，做判断时会极度仰赖有经验的人，将无法创造出新的选项，因为这样的人往往会执着于惯有的做法。

明明环境已经发生剧烈改变，惯有做法早已不再适用，却不肯摸索新的做法，还是只会在惯有的做法中去做选择，如此在做判断时会找不到最好的答案。

有些事物在过去或许很重要，但随着时代变迁或环境改变，重要性有可能已经降低。相反地，也可能会有重要性升高的新事物出现。

所以，不断更新自己脑袋里的选项是不可或缺的动作。

综合以上内容，"经验"可以帮助判断，也可以破坏判断，一切就看你怎么去利用它。

总归一句，"经验"只能够视为判断的参考依据。另一方面，还要认知并提醒自己：除了一路来所经历过的做法之外，还会有其他好方法可以采用的。

30 团体迷思的陷阱：

大家一起做决定就可以什么都不怕？
这其中是有陷阱的！

团体迷思的陷阱会引起一种被称为"冒险偏移"（risky shift）的错误判断。

所谓的冒险偏移，是指独自一人时能懂得拿捏分寸，也能冷静判断，但在加入团体后，就会去附和夸张的判断或言行举止，与其他人一起提出主张。

哪怕心里明白十分危险，但只要是集体去面对，就会加以正当化，并做出错误判断。在日本的企业中经常能看见这样的现象。

以客观角度来看，明明是继续推动下去也毫无发展的事业，却表示"还不算失败"而继续坚持着；明明商业模式已经垮台，还执着于采用该模式，这些状况都可说是陷入了团体迷思的陷阱。

如果做出承认失败的判断，就等于在承认组织没能够达成目标，有时可能会演变成必须重新评估存在价值的状况。

然而，若不肯承认失败，组织将会继续往错误的方向前进，迟早有一天会走向灭亡。在这样的状况下，必须有人帮助组织逃出团体迷思的陷阱。

不论什么样的组织都会遭遇失败，面对失败时鼓起勇气承认，是击破团体迷思心理的唯一方法。

YES'
OR
NO

不拖拉 = 采取行动

31 艾米特法则：

往后拖延只会让人必须付出两倍以上的劳力

相信大家都有过这样的经验：虽然已经做出判断，但就是迟迟无法采取行动。

比方说，后悔地心想："早知道当时就应该买下来的。"或是自己拒绝了朋友的旅行邀约，事后才失落地想："早知道应该一起去。"这类例子也算是没有采取行动所导致的失败。

已经做好决定却事后找借口推翻，或是试图回避风险却硬要找一个无法执行的理由来开脱；多数往后拖延的例子都是起因于这类举动。

事实上，具有判断力的人，并不是指判断速度快的人，而是指能够把判断迅速地化为实际行动的人。

重要的是：哪怕花了很多时间才做出判断，但一旦做出判断后就要切实执行。

面对重要工作或新挑战时，人们常常会因为在意风险或希望追求完美，而容易拖延执行的时间。

然而，往后拖延的做法不仅无法带来好结果，还会导致"事后必须付出两倍以上的劳力"，这就是"艾米特法则"（Emmett's law）。

艾米特法则是时间管理专家丽塔·艾米特（Rita Emmett）提倡的理论，主要在强调如果把工作往后拖延，将必须付出两倍以上的劳力。

在此推荐一个方法给那些有往后拖延倾向的人：把"先做再说"当成口头禅。

总之，先做再说吧！先挑战再说吧！像这样巧妙运用"先做再说"的做法，让自己付诸行动。人类是一种不可思议的生物，在采取行动之前会觉得脑袋一片混乱，但一旦采取行动后，就会惯性般持续着。

我每天早上都会去慢跑，即使内心出现"今天就休息一天"的想法，我还是会换上慢跑装；这就是不会让事情往后拖延的秘诀。

请大家也试着巧妙运用"先做再说吧"的做法，让判断力化为实际行动。

32 快速成型：

告诉自己"凡事都可以重新来过"

我们经常会看到"体验"这个字眼。

游乐园很流行"体验型游乐设施"，"体验型"的电玩游戏也日趋增加。在职场培训业界里，也会使用"体验型培训"等用词。

然而，在面对工作时，一听到"体验"，有不少人会产生"尽可能不想去做"的心态是不争的事实。

原因大多是因为"不想失败"。

我的朋友当中，有些人在考虑转换工作或自立门户，但迟迟没有采取行动。另一方面，拥有伟大成就的人，他们当中有很多人都会持续挑战各式各样的事物。

在我的篮中演练培训活动中，我会设法让"很想挑战却无法采取行动的人"实际付诸行动。

想让自己为了挑战而实际采取行动，就必须掌握三个重点。

第一个重点是：思考"没有采取行动的风险"。一旦有了"不采取行动最好"的想法，就会遗漏或轻忽没有行动的风险。

所以，我会在参与篮中演练培训的学员面前强调"危机感"，告诉他们说："如果不采取行动，事情就麻烦了"，会这么做是因为人们一旦有了危机感，就会为了避免不乐见的事情发生而采取行动。

第二个重点是：从小地方着手。如果有人突然动了想要跑马拉松的念头且充满干劲，我想顶多只能撑过三天。一开始还是先从散步做起就好。

工作也一样，就是因为突然改变做法，才会适得其反，害自己饱受折磨。秘诀就在于从小地方着手，慢慢做改变。

最后一个重点是：告诉自己"凡事都可以重新来过"。

"如果行不通，就死心、恢复原状就好。"这是我的口头禅,用的是一种称为"快速成型"(Rapid Prototyping)的手法,应用在行动改革上。

所谓的快速成型,是"先做出测试再说"的概念。也就是说,如果行不通,只要重新来过就好!

它还可以套用在"设定期限尝试挑战"的做法上,大家不妨在保有这样的想法下,试着做出"我要接受挑战"的判断。

33 角色扮演：

实际演一场做判断的戏码

当你做了判断后，要展开行动之前，先"试做"是个有效的方法。如同服务业和业务员等第一线人员经常会利用"角色扮演"的手法，我们也可以试着演演看，看事情会不会如愿进行。

借由角色扮演，会发现有可能发生预料外的事态或察觉到思虑不周之处，进而得以修正判断。

请大家想象一下航天员的训练。

在搭上火箭出发去外太空之前，一一演练所有在宇宙飞船里应做以及有可能发生的事项。像是在宇宙飞船里模拟发生问题时的状况，让航天员在船舱中接受宛如面临真实状况的训练。这么做能确认航天员的判断是否正确，以及会不会发生预料外的问题。

越是重要的判断，就越需要拥有实际试做的谨慎态度。不论是确认做出的判断是否有误，或是评估应对上有无缺失，角色扮演都是不可或缺的动作。

34 回顾：

不让自己白白失败

有时候就算很有自信做出了最佳的判断，还是无法百分之百达到想追求的结果。遇到这种状况时，多数人会思考下次该怎么做才不会失败。

此时千万不要下结论对自己说："搞不好下次也会失败，所以还是放弃会带有风险的判断。"这样会变成在逃避"正面判断"。

的确，只要逃避风险，不做任何不明确的判断，或许就不会导致致命的失败。不过，像这般在无菌室里度过人生有什么乐趣可言？

我们生活在具有高度不确定性的世界里，不可能在逃避判断之下过日子。

判断没有什么"明确性"可言。

判断总是会伴随着错误的可能性。让错误反应在下一次的改善上，才是锻炼判断力的秘诀。

现在大家试着回顾一下自己做过的判断，并自问在做出不慎判断时，是不是遗漏了哪一个步骤？或是在某处加了多余的信息？

你会因为失败，所以选择逃避吗？还是会因为失败，所以选择把得到的教训活用在下一次的机会上呢？诚心希望大家能够选择后者，让自己的判断力往上提升。

Part 2

各种状况下的判断确认项目

YES
OR
NO

紧急时

35 飞行员训练法：

专注于"做得到的事情"

发生紧急状况时，任谁都会陷入焦急之中。焦急情绪有时会使人判断失常，导致莫大的损失。

越是时间急迫或有压力的时候，越应该保持平常心。

飞行员在接受培训时会被如此教导：

"发生状况时不是要掌握无法正常运作的地方，而是要迅速掌握有什么系统还能够正常运作，并判断应该使用哪个系统才能够安全降落。"

意思就是说，不要拘泥于已经发生的事情，而是要专注在"目前做得到的事情"上。

面临出乎预料的状况时，我们很容易陷入混乱的情绪：

"怎么会发生这种事情？"这种时刻应该第一优先思考事情本身，并非追究失败的原因。

36 预防恐慌：

说出能让自己"保持平常心"的话

在做判断时，我总会提醒自己这四个字：心如止水。因为人们一旦失去平常心，就容易扭曲事实或疏漏什么步骤。

话虽如此，但遇到紧急状况时，任谁都容易陷入恐慌状态。

那么，该怎么做才能够找回平常心呢？在此提出几个重点。

首先，让自己做一次深呼吸。听到我这么说，大家心里或许会想："搞什么嘛！我还以为有什么秘诀呢！"不过，透过一次深呼吸的停顿，可以带来释放外来压力的效果。

这样的效果称为心理韧性（resilience）。韧性带来的好处除了能压抑冲动行为，还能够帮助我们唤回平常心。

接着就是要设法让自己安心。此时要使用一个字眼叫作"没事了"。

"已经没事了！"

听说救援队在发现待援者时，都会和他们这样说。这句话能让待援者冷静下来，不陷入恐慌状态，进而顺利进行后续的救援行动。

只要对自己说"没事了"，相信就能保有平常心。江户时代初期有一位名为柳生宗矩的剑术家留下一句话：

"可在保持平常心之下从事一切所为的人，我们称之为名人。"

这句话的意思指，哪怕有再高超的剑术，也比不上拥有能展现剑术的稳定心态来得重要。

平时多训练自己学习保持平常心，是紧急状况时的判断基本。

37 "知会"的重要性：

据实以报

发生紧急状况时，必须优先执行的动作就是通知周围的人。如果是在职场上，就要向主管、负责人员或同事等报告发生了什么事。

这就是所谓的"知会"。

不过，发生紧急状况时，可能连报告者都未必可以正确掌握事态。这时候容易心生犹豫，心想是不是应该确实掌握事实后再提出报告。

然而，哪怕只是"告知目前所知道的事情"也是十分重要的。借由知会的动作，相关人士便能进行判断，安排好补救措施，如此即可架构后援事宜。

不过，该怎么报告比较好？

首先就是"告知事实"。当然了，此时不需要说明细节也没关系，重点在于照实说出目前发生了什么事情。

也就是说，不要掺杂自己的想法或预测比较好。为什么呢？因为如果说出错误的事实，将无法采取适当的应对措施。

如果想要传达自己的意见，必须说明"这是我个人的想法""我不确定是否真是如此"等，来明确告诉对方此意见并非事实。

所谓的知会，就是据实以报。在知会后，若是得知什么新讯息，也要做后续报告。面临紧急状况时，频繁报告事实是不可或缺的步骤。

38 附加条件的判断：

发出紧急指示时，不忘附加明确的条件

紧急之下的判断多半是不稳定的，判断所需的依据也不尽齐全。

前阵子在台风逼近之前，我必须做出判断告知在大阪办公室的职员几点可以下班。可是我人在东京，无法清楚掌握大阪的情形。

遇到这种状况时，我当然也可以发出"请大家依个人判断决定下班时间""不到最后一刻不准下班"之类的指示。

然而，这类指示并不恰当，因为判断基准太模棱两可了。

遇到这种状况时，建议大家做出"有附加条件"的指示。

也就是只要达到某条件就点头答应的判断。

举个例子，假设有朋友告诉你，他在逛街时恰巧看见你一直很想买的某名牌钱包在特卖，朋友说目前只剩下一个库存，随时都有可能被买走，要不要先帮你买下来？

在这种状况下，"有附加条件的判断"就非常好用，你可以和朋友说："如果有正品认证书，就帮我买下来吧。"给朋友提出一个可提升判断准确度的附加条件。如此一来，朋友也会比较容易采取行动。

对于重要大事，必须给予明确的条件。如果给一个模棱两可的条件，对方会不知道该如何判断。

"如果可以很顺利，就继续进行。""如果可以让目标再提高一些，就没问题。"对于这类的说法，每个人的感受都会有所差异，所以就可能会导致风险的产生，因此，让条件具体化是不可或缺的步骤。

接下来的话题可能有些偏离主题，但也算是一种应对技巧；在拒绝时也可以利用"有附加条件"的做法。

假设部属向你提出了一个企划案，可是你总觉得该企划案的内容有哪里不妥，所以打算驳回。不过，你很担心这么做会降低部属的工作动力,这种时候,就可以利用有附加条件的指示。

"好吧!不过,我只能够提供一半的经费。如果你能克服这一点,就好好执行案子吧!"

如果像这样提出有些强人所难的附加条件,实质上就等于是在告知对方,你已做出拒绝的判断。

39 恢复必要功能：

采取适当的应急措施

2011年3月11日发生东日本大地震时，作为交通大动脉的高速公路受到严重破坏。常盘道路路面出现大面积的龟裂，路面落差足足有一个人的身高那么大。

不过，当时只花费短短六天时间就恢复了通车，引发不少国外惊讶的声音。

正如前述，我们时而要面临必须尽快做出应急判断的状况。遇到紧急状况时，必须保有"先设法暂时应付危急状况"的想法。想在短时间内完成某个目标，必须拥有强大的判断力。

在这场大地震中，日本岩手县宫古市的国道受到海啸的摧残，必须展开重建工作，但被打上岸的船只挡住了路面。在那期间，宫古市政府的停车场被用来充当外环道路，短时间内顺利恢复通车。

多亏有这项应急措施，市民得以开车前往医院，自卫队前往受灾地展开救援行动也变得容易许多。

这个判断告诉我们恢复必要功能（可往来移动）的重要性，而非恢复原状（使国道恢复通车）。

由东京都政府分发的《东京防灾手册》当中，记载着如何利用牛仔裤应急制作背包的方法。

在紧急状况之下，必须以设法应付状况、恢复必要功能为优先。

此时不应拘泥于体制或试图追求完美，采取应急措施才最重要。在进行这样的判断时，必须有勇气打破固有的习性或规定。

40 洞察力：

预测"未来有可能发生什么事"

发生紧急事件时，不可或缺的首要之务就是"处理眼前的状况"。然而在判断应该如何应付时，并非只需要思考眼前的事，"思考未来有可能如何演变"也是不可或缺的动作。

也就是说，必须做出预测未来的判断。

以前我在超市负责食品业务时，接到顾客投诉说"产品里掺杂了异物"。遇到这样的事情，我会立刻前往顾客的家中拜访，在表达歉意的同时也确认事实。如果顾客所言属实，我会回收产品并进行调查。

在接到投诉通知的当下，我并无法确定是否真有异物掺杂，也不知道同款产品当中是否有相同情况。不过，万一其他产品也有异物掺杂，那可是大事一桩，所以我当下就决定暂时停止销售该款产品。

或许有人会觉得没必要做到这种程度，但为了预防未来可能会发生损失范围扩大的事态，我必须做出这样的判断。

发生东日本大地震时，日本住宅器材制造大厂 Cleanup 公司在地震三天后全面暂停业务，并停止接单。Cleanup 公司在业界率先做出了这样的判断。

在工厂和供应商受灾之下，有可能来不及依照订单上的日期出货。Cleanup 是生产系统厨具的公司，产品如果延迟出货，将导致建设中的住宅完工时间延后，影响范围足以扩大至日本全国。

有能力做出像这样不只看"眼前"，也预测"未来"的判断，我们称之为"洞察力"。随着洞察力的提升，不仅能做出预测未来的判断，还能够做出看清整体、具大局观的判断。

遇到紧急状况时，必须要懂得活用洞察力来做判断。

41 分析原因与预防复发：

勿忘二次应对

发生状况或接到客诉时，想必大家都会优先进行联络或采取应急措施等动作来应对。

不过工作能力强的人不会让事情就这样落幕，而是会切实做到二次应对。

二次应对包含"分析原因"与"预防复发"。

分析原因是指，思考"为何会发生必须采取紧急应对的状况？"。预防复发则是指，思考"为了避免再次发生相同状况，应该设置什么流程或必要措施？"。

日本雅玛多运输公司的低温快递服务，就是从客诉延伸出来的服务。在只有一般快递服务的时代，很多顾客都是把生鲜放进泡沫箱、塞满冰块后寄送。然而，有时会遇到收件人不在家或延迟送货的状况，就会造成生鲜腐臭，客诉也因此发生。

此时有人想到："只要建立可控制温度的系统不就好了？"于是，低温快递的服务就这样诞生了。

重要的是，当发生状况时，能够懂得思考"同样的事情会再发生"。在这样的认知下，明确分析原因并思考对策。

到现场分析原因时，会听到"只是恰巧发生""是因为人为疏失才发生""都是因为注意力不足"等报告。

这些内容称不上是分析原因，纯粹是感想。

在分析原因时，如果不以5W1H的观点来追究"为什么会发生"，就无法拟出"可有效预防复发"的对策。

面对出现问题的紧急状况，人们往往容易以悲观的态度来看待，所以才会没有好好厘清原因，或是产生"最好下次不要再发生"的期望心态。

以正向态度来看待问题，把问题视为是一个有助于更进一步的契机，才称得上是预防复发的判断。

42 紧急状况应对手册:

做好准备以防患未然

日本国土交通省[1]的东北地区整备局发行过《灾害初始期指挥心得》,翻开该书的封面后,会看到这么一句话:

"有所帮助的只有'做好准备'的部分。然而只有做好准备并不足够。"

这段话说出准备的重要性。我们经常会听到"这状况是预料之外的"这句话,但其实大多数的状况都是理应发生而发生。当中有不少状况是只要透过做好事前计划、准备、训练等动作,就能适当予以应对。

---

1. 译注:国土交通省是日本的中央省厅之一,职责相当于各国的交通部与建设部。

"等事情发生后再思考也不迟,总有办法解决的。"这是一种傲慢的心态,而这种心态将会导致错误的判断。

该怎么做才能在遇到紧急状况时,得以做出适当的应对呢?

有三个基本步骤,分别是"制作手册""模拟""检查表"。

"制作手册"的目的是:事先定出发生问题时的应对方法,藉此避免因个人的主观意见而导致判断错误,或陷入恐慌状态。

"模拟"是指预想实际发生时的状况,并进行模拟体验。逃生或消防演练就是一种模拟体验。

某证券公司会进行从各分公司步行到避难所的演练,透过实际演练,能事先确认是否会遇到坡路或有没有容易迷路的地方等。

"检查表"的目的在于避免有疏漏,所以事先定出检查项目。人们在紧急状况下往往会失去冷静,容易因此发生疏漏或重复的失误。所以有必要事先定出检查项目,这可以让我们迅速且有效率地做出判断。

只要遵循好以上三个步骤，哪怕发生不曾遇过的状况，也能很好地应对。只要定好做判断时的依据，就能保持冷静地做出判断。

发生紧急状况时，事态会演变成什么样？必须做出哪些判断？实际发生时真的有能力应对吗？请大家一定要在周全的思考之下，切实做好准备。

YES OR NO

失误时

43 让损失降到最低：

不该"掩饰伤口"，而是要"不让伤口扩大"

世上存在着各式各样的失败，不幸遇到时，重要的是"设法让损失降到最低"。

然而，有时我们会为了讨回失去的东西，做出牵强的判断，导致伤口扩大。

大约在二十年前，发生了一件让大家都吃惊不已的事件。

大和银行纽约分行的一名行员因交易不慎，导致产生了五万美元的亏损。该行员想尽办法掩饰亏损，继续进行交易，最终导致亏损金额扩大到十一亿美元，并被判入监服刑。

这名行员刚失误时应该要老实说出来的……我依稀可

听见这样的声音。

人们在犯下失误时，都会有"想要设法挽回"的心态，导致做出增加损失的判断。"想要装成不曾发生失误"的心态，会导致失误恶化并扩大。

犯下失误时，为了避免错误变得更严重，选择据实以报，设法不重蹈覆辙才是明智之举。

不论是谈生意或是做简报，都是一样的道理。当发现极可能无法顺利进行下去时，懂得做出暂停的判断也很重要，不该硬是坚持继续往前冲。

做出暂停的判断有什么好处？好处就是保持当下的状况不受到致命伤，保有可东山再起的可能性。

压抑住想要挽回失误的心情，选择暂停、以待来日整装重新出发的重要性是不容忽视的。

优衣库（UNIQLO）曾经把事业触角伸向蔬菜产业，但却惨遭失败。当时柳井正社长做出暂停判断的速度之快，是真的了不起。

柳井正社长说："重点在于失败时能不能够即刻退出。"

承认失败后，即刻退出。这就是犯下失误时应采取的行动。

44 信用存款：

谎言会化为"一百倍的伤害"

失败后如果选择说谎，会是最糟糕的判断。

在商业世界里，一旦失败就必须接受处罚是无可避免的事。

假设在拉面店点了叉烧拉面，端来的却是一碗盐味拉面，这情形任谁都会感到困惑吧？这时如果店员前来道歉并重新做一碗，事情就会以失误一场落幕。不过，如果店员撒谎说："没有，我听到的是盐味拉面。"有谁还会想再来光顾这家拉面店呢？

失误可以挽回，但如果因为撒谎而失去信赖，是要花费很长的时间和累积无数功劳才可能挽回的。

不仅如此，一旦撒了谎，就必须大费心神地继续掩饰谎言，以免被揭穿。

精力不应该浪费在掩饰谎言上，而是应该用于挽回失败。

100–1=0

看到这个公式，想必有不少人会认为计算有误。的确，在数学的世界里，这是错误的公式。不过，在信用的世界里，这是得以成立的公式。

这个公式意味着：一次的谎言即可失去一路累积下来的所有信赖，如果做出欺骗对方的举动，你的信用别说是等于零，甚至可能成为负数。

45 改变做法：

既然主动出击无效，试着退一步看看

发生失误可以让我们知道自己的做法仍有待改善。不过，要是反复出现相同的失误，就一定得思考：为什么会这样呢？

只有一个原因：就是一直采用相同的做法。

发生失误后，必须做出"改变做法"的判断。

假设有个人迟到了，他大声宣称自己从明天开始会小心不再迟到。然而，以大部分的情况来看，他还是一样会再次迟到。

失误发生时，必定有引起它发生的原因。如果只知道"要小心"，还是会再产生相同的失误。

唯有改变做法，失败才能化为成功之母。如果一直反复采用相同的做法，失败就永远会是失败。

发生失误的时候正是改变做法的好机会。既然主动出击无效，就试着退一步看看，改变后再次挑战也是一门重要的功课。

46 暂时退出：

不拖泥带水告诉自己"还有下一次的机会"

人们在犯下失误时，脑海里会闪过各种思绪。

"我辜负了大家的期待。"这样的想法想必占了一大部分。

我自己在犯下失误时，也曾经想要挽回失去的信赖而接下根本做不到的任务，最后导致失败的伤口扩大。

不用说也知道，连续失误会对信赖带来致命的伤害。正因如此，在犯下失误时，才更应该静下心，做出"等待下次机会"的判断。

"上涨的行情总有下跌的一天，下跌的行情也总有上涨的一天。"

这句是胜海舟[1]留下的名言。

胜海舟还说过这么一句话："人世间的起伏亦是如此。经得起十年起起伏伏的人，就是个英雄。"

不要急于挽回评价，而是要保有长期的观点，让自己做好准备，等待下次的机会到来，我们必须学会做出这样的判断。

重点就是让自己做好准备，虎视眈眈地等待起死回生的机会。

总公司在瑞典的宜家（IKEA）在日本也有分店，而且受到日本人的喜爱。不过，宜家其实曾经在日本市场有过一次失败的经验。宜家在1974年进入日本市场，但在1986年退出，在那之后，到了2002年才再次进军日本。

宜家活用失败经验，针对日本的一般公寓、高级公寓、独栋住宅做调查，并进行商品研究，看准日本消费者因长年的通货紧缩，不再排斥购买低价位商品的时间点，重新

1.译注：胜海舟为日本江户时代末期至明治时代初期的武士、政治家。曾在明治政府中担任首任海军卿，明治维新后被授予一等伯爵。

进入日本市场。

当事情进展得不顺利时,我们往往会意气用事,说什么都要设法成功,但如果过于焦急,将会引来致命伤。选择暂时退出,耐心等待可重新挑战的机会,也是有能力者才做得出的判断。

47 随它去效应：

比赛结束前，都不算是结束

犯下失误时，有人会自暴自弃地说："没救了！"这样的态度等于是在伤口上撒盐，只会增加损失。

国外曾经做过一个实验。纽约市立大学和匹兹堡大学的心理学家以及依赖症候群研究者，针对饮酒过量的行为做了调查。该实验找来一百四十四位会喝酒的人，请这群人写下晚上喝酒的纪录并分享隔天早上的想法，学者们对此进行研究。

实验结果发现，多数前一天饮酒过量的人会感到愧疚或难为情，而情绪越是低落的人，越容易在当天晚上，甚至隔天晚上又饮酒过量。

这样的现象我们称之为"随它去效应",也就是所谓的自暴自弃。

在工作上,也有"随它去效应"。有些人会产生"我已经犯错,这下肯定没救了"的想法,这些人当中很多都是在校成绩优秀者。

事实上,凡事不会因为一次的失败,就绝对无法成功,只要不做出放弃的判断,就还有可能性。

"比赛结束前,都不算是结束。(It isn't over until it's over.)"

这是前美国职棒大联盟的教练劳伦斯·皮特·贝拉(Lawrence Peter Berra)留下的名言。他曾担任纽约大都会队的教练,当时在赛季中面临落后第一名球队九点五场胜差的状况下,他说出了这句话。最后,纽约大都会在赛季最终决战中夺下分区冠军宝座。

决定"放弃",是要等到真的无计可施时,才应该有的判断。

而决定"不放弃"的判断,能够弥补失误,让自己有机会采取挽回的行动。

YES OR NO

拟订计划时

48 战略与战术：

想出让自己一直处于优势的方法

说到战略，想必很多人会联想到企业领导人或军队指挥官在拟定作战计划。在拟定长期计划时，战略思考是可带来帮助的。

根据字典上的释义，战略是指：为了对抗敌人而有的综合性长期作战策略。换个简单易懂的说法，就是指：可使我方在敌人面前一直处于优势的作战策略。

其中的"一直"二字是重点。怎么说呢？因为要"持续"战胜敌人是一件非常困难的事情。

另外"战术"一词经常被拿来与战略做比较。战术也是指为了打倒敌人的作战策略，但它和战略不同之处在于没有"一直"的要素。

也就是说,"战术"是要打倒眼前的敌人,而"战略"是要思考该怎么做才能一直赢得胜利。

那么,该如何拟定战略才好呢?方法非常简单。

首先,定出一个目标。这里指的目标是长期目标,差不多三年或五年左右。

接下来就要思考如何写剧本,写出为了达成目标该怎么做的内容。思考剧本之际,不要忘记谨慎思考自己与对手的优势以及弱势。

另外,还要考虑周遭的情况,像是经济状况或客户嗜好等等,必须先做好这些动作,才能编写出故事来。

这就是所谓的战略思考。

49 剪刀石头布理论：

让成长循环持续运转

我们都会描绘自己成长后的未来愿景。想必多数人会设定目标，并为了达成目标而拟定计划。

在拟定长期计划时，应该先挑战多个项目，到了某阶段后，详查一遍所有项目，若发现可能性较低的就除去。接着必须针对剩下的选项，集中思考战略。

举例来说，为了新企划案拟定一个三年计划，可以在第一年先规划挑战五个项目，来年筛选为两个，最后一年则集中火力在其中一个项目上。

这种做法称为"剪刀石头布理论"。就是先进行"多项挑战"来拓宽战线，接着进行"取舍选择"来筛选项目，最后倾注所有心力于该项目上。

只要在长期计划中加入这样的循环步骤,即可描绘出稳定的成长战略。

为了实现未来愿景，先尝试挑战五个项目。

考虑哪些项目应该继续进行，选择实现的可能性较高的两项。

最后，倾注所有心力在其中一个项目上。

剪刀石头布理论

144

50 鱼与熊掌不可兼得：

不把效率和效果混为一谈

政府和企业高喊"改革劳动的方式"，积极呼吁大家缩短加班时间。这件事本身并非坏事，但也有令人纳闷之处。

有些公司一到下班时间就催促所有职员下班，有些是时间一到就熄灯。由于这样的案例变多了，所以我常会接到来自企业客户的咨询。咨询时我会如此发问："您希望提升效率？还是提升效果？"

被我这么一问，多数人都会陷入沉思。原因是大家都把效率和效果混为一谈。

想要提升组织的产出能力时，如果没有搞清楚追求效率和追求效果之间的差异，将无法做出判断。

我们先针对效率来思考!

所谓的效率,概念是设法减少"为了提升成果所付出的劳力"。假设某工厂一天十小时可制造出二千个产品。现在工厂借由重新检讨流程,试图达到八小时制造出二千个产品的目标。如此一来,便可减少产品的平均制造费用。这就是效率化的概念。

所谓的效果,概念是"哪怕必须增加劳力或费用,也要增加成果"。举例来说,某产品在报纸上打广告时,也同时投入经费在电视或网络上进行宣传,试图大幅提升业绩的做法,即符合提升效果的概念。

究竟是要优先效率?还是要优先效果呢?答案会依目的不同而有所差异。

效率是在已经无法继续增加成果时该追求的东西,也就是转而设想"该如何压低成本"的概念。

另一方面,效果是为了让成果达到最大化时该追求的东西。尤其是在试图扩大市场占有率,或是与对手展开竞争等状况下,有时宁可做出巨大投资也要追求效果。

因此,当一家公司发出指示说:"大家要努力提升业绩,同时也要尽早下班。"就表示这家公司想要追求效率和效果，抱持着同时提升两者的想法。如果是以追求效率为目的，就应该发出指示说：

"大家只要做到跟过去一样的成果就好，但要努力思考怎么做才可能尽早下班。"

如果是以追求效果为目的，则应该做出"为了提升业绩，大家可以加班没关系"的判断才妥当。

以目前来说，公司究竟应该重视效率还是效果？必须好好思考这一点，不能把两者混为一谈。

51 成长曲线法则：

掌握"生命周期"

拟定长期计划时，必须牢记一个前提：

无论是什么样的企划案或产品，都会和人类一样在成长后步入衰退。这被称为"成长曲线法则"。

我以前曾在超市工作过。在刚进公司的1990年，超市是当时零售业的龙头。在那之前，零售业的龙头是百货公司。不过，便利商店两三下就赢过了超市。

在商品方面也一样，虽然有部分商品能成为长期畅销商品，但即便是热卖商品，也很快地就变成滞销品。商品热卖数年后，会进入短则只有几个月的成熟期，最后步入衰退期。

在拟定长期计划时，不可以认定相同手法能永久适用。

这是透过成长曲线法则得知的道理，成长曲线有着普遍的模式。

新商品或新店家步上正轨的速度很慢，事业刚兴起的期间总是免不了必须付出辛劳。

接着，成长速度会随着取得客户的信赖而提升，曲线也会气势如虹地往上爬。

不过这般气势不会一直持续下去，成长速度会渐渐钝化，等到察觉时，才发现已经停止成长，搞不好还有可能陷入负成长的窘境。

在此可以很肯定地告诉大家：进展顺利时千万不要得意忘形。或许这样的说法像是在警示人的寓言，但这是真的有道理的。

如果想要一直维持绝佳状态，必须在目前的事业步入成熟期时，开始下一个可成为收益来源的新事业，设法让新事业搭上顺风车。意思就是说，必须随时思考"下一步棋"。

规模

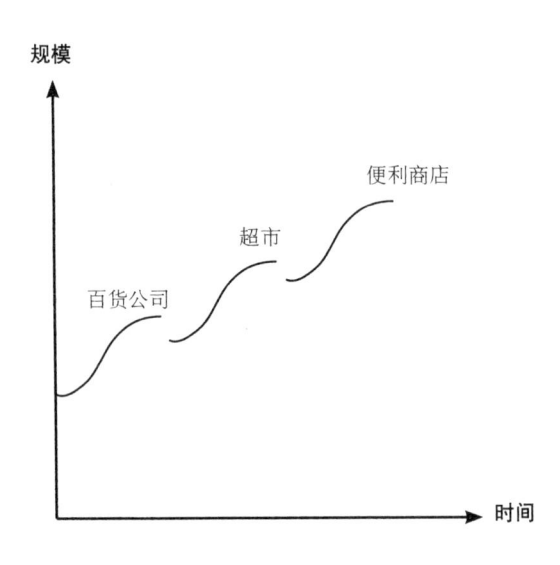

百货公司　超市　便利商店

时间

成长曲线

52 过度评价：

别把"恰巧"误当成"实力"

在容易导致失败的判断模式中，其中有一项是"过度评价"。

所谓的过度评价是指，事实上明明没有足以完成某事物的能力或资源，却做出有足够能力或资源的评价判断。如果没有正确掌握住"自己能做到什么"，就会不小心拟出牵强的计划。

为了避免过度评价自我，希望大家务必小心，别把"过度"一般化，这是一种判断习气，也就是明明过去的成功案例只是"恰巧""误打误撞"才有的结果，却误以为是自己具有实力。

不只在成功的经验上，过度评价还会发生在失败的经验上。

假设你开始学习某种才艺，但学到一半就放弃了。如此一来，你就会认定如果换成学习其他才艺，一定也无法持之以恒。严重一点的话，还可能认定既然连学才艺都学不久，肯定不管做什么都是如此，最后演变成连学校也懒得去。

不论是成功或失败，只以一次的经验就认定自我的能力，这是一件危险的事。我们必须要学会正确评估自己的实力。

在拟定计划时，应该要按照自身能力来制定，在不牵强的范围内，扩大自我成长的可能性。

重要的是：必须在掌握了自己有多少能耐后，再拟定长期计划。

53 破坏者登场：

现在对抗的对象并非真正的敌人

你眼前的敌人并非真正的敌人。

在现今的经营者当中，多数人都察觉到真正应该畏惧的是，原本不认为是竞争的对象却变成了自己的竞争者。

举例来说，美国市场的"玩具反斗城"已宣告破产。据说造成破产的原因不是因为输给同业，而是败给了亚马逊等电商。

如同以上的例子，很多时候眼前的敌人并非真正的敌人。我们必须放大视野去预测未来，才可能看得见这样的事实。

不仅在企业经营上，在各种领域中，都可能因为出现突如其来的竞争对手，而被乘隙而入。

那么，若想以大局观来思考"真正的敌人是谁"该怎么做才好呢？该怎么去寻找，才能知道敌人会从目前视野外的什么地方出现？

关于这点，科幻电影里可以找到提示。

在科幻电影中，常会看到当外星人跑来攻打地球时，原本互相敌对的各国军队联合起来对抗外星人。原本人类是处于彼此互相打斗的状态，但因为出现了威胁全人类的敌人，所以人类才会同心协力一起对抗外星人。

包含目前正在竞争的对手在内，还有哪些人会威胁到你目前身处的"世界"？借由这样的角度来思考，或许就能察觉到不在视野范围内的敌人的存在。

不要只着眼于自己的四周来思考事物，而是要以更广大的观点来思考。如果以科幻电影做比喻，就是不要只针对地球上的战争，而是要去想象宇宙规模的战争。请大家要像这样拥有大局观。

YES'
OR
NO

展开新事物时

54 社会认同的原理：

抛开"我要和大家一样"的想法

我以前在超市工作时，卖场上曾经发生过这样的状况。

我在补充架上的味噌商品时，看见一对二十几岁、看似夫妻的客人，他们正苦恼着不知道该选择哪一种味噌才好。味噌的种类繁多，容量大小也各有不同。

这对夫妻最后挑选了架上只剩下一个的味噌商品，还一边说："这个卖得最好，就买这个吧！"

我立刻搭腔说："比起那个商品，这个卖得比较好哦！而且比较划算。"结果客人吓一跳，把手上的商品放回架上。

其实客人挑选的商品一直卖得不好，超市早已不再进货，因为滞销才一直留在架上，成了最后一个商品。

如上述的例子，人们在挑选东西时，很容易陷入这种思维："既然很多人都采取相同行动，肯定是正确的。"这样的思维称为社会认同的原理。

人们会认为大排长龙的店家，料理一定很好吃，或认为畅销书一定是好书，这些也都是社会认同的原理。

"既然很多人都这么做，肯定错不了。"以判断的思考来说，这类想法绝不是正确的思考方式。

从事新事物时，如果抱持这样的心理，有时会带来负面影响。

尤其是在商业上要展开新事业时，如果过度参考前例或其他案例，会变成总是在思考别人已经做过的事，导致无法顺利展开新事业。

想要尝试新事物时，在排除干扰物之后，刻意挑战别人没有做过的事情，也是一种合理的判断。

对于别人成功达成的目标、已成为既有事实的事情，往往会被认为是"理所当然的事情"。正因为挑战了没人做过的事，才有机会开辟新天地，不是吗？

如果抱持"跟别人一样"的想法，将无法创造出新事物。

55 想出好点子的方法：

试着不照"常理"出牌

心里打算接受新的挑战，但脑海中就是浮现不出创新的点子。像这样的恼人事，我也经历过很多次。

尤其当试图展开新事业时，更是苦恼，而且是从站在出发点时，就已经陷入苦思："新事业到底是什么？"

想要打破浮现不出点子的僵局，重点在于：设法让自己跳出"一直以来认定是理所当然"的前提或框架。若是试图从过去的经验中找点子，会因为已经有了前提与框架而受到限制。

近来有一种名为"糠虾公主"的鱼饵成为热销商品。糠虾公主是海钓时用来吸引竹筴鱼等鱼类的撒饵。此商品之所以热销，是因为具备了两项女性也可以轻松使用的要素。

第一点是糠虾公主不仅没有鱼饵特有的臭味，甚至还散发出香味；另一点是使用时不需要直接碰触到鱼饵。

若是碰触到鱼饵，有时即使到了隔天，手上还是会残留味道。所以，过去很多商品都是把着力点放在碰触鱼饵后怎么把手洗干净，并消除臭味。然而，糠虾公主是直接跳出"碰触鱼饵会有臭味"这个前提之下所诞生的商品。

思考点子时的铁律，就是"排除前提"。只要抱持凡事都有可能性的想法，就能拥有无限的发散空间。不管是要设计一架站立搭乘的飞机，或开一家可供客人睡午觉的咖啡厅，都没有什么不可能。

在不受限的状况下提出点子，再慢慢加以筛选。借由这样的方式，不仅能针对过去一直无法解决的问题想出替代方案，脑中还能浮现新计划。

56 市场性：

不把愿望和需求混为一谈

展开新事物时的重点在于看清"必要性"（需求）。

对于需求，经常会与"愿望"混为一谈。

很多时候自我的愿望和世上的需求并非一致。

以学生时期的考试为例来思考一下。

首先是必要性。必要性是指站在对方的立场，看清楚对方需要什么。

意思就是要思考对方所求，像是"我记得老师特别强调过这部分""如果是那位老师，肯定会针对这里出考题"等等。这就是所说的"看清需求"。

至于学生的自我愿望，就是不会去顾虑老师的想法。

会以自己擅不擅长或好恶观点来思考，像是"我最擅长这个，要是针对这部分出考题就好了""希望老师不要出这种考题"等等。

如果是这样的思考模式，就很难猜中老师会出什么考题。

若把"老师"置换成"客户"或"交易对象"，就能想象工作上的需求是什么了。请大家回想学生时期的考试经验，并试着把"愿望"和"需求"区分开去做思考判断。

57 期望值：

把"可能性"化为数字来做比较

前面有提到过，为了提升判断的准确度，必须懂得以"量化"来思考。以量化思考时，有时会运用到"概率"。

假设你是在日本酒制造厂工作，现在公司要你负责成立新的事业部门，你必须和董事长进行新事业的简报。

你相中了健康食品，于是思考出两种商品的开发战略，并向董事长做简报。

如果采纳 A 计划，只要保健热潮持续高涨，最高能获取一千万日元的利益，而即使热潮退去，也能够确保两百万日元的获利。

如果采纳 B 计划，只要热潮持续高涨，预估可获取两千万日元的利益，倘若热潮退去，预估将蒙受五百万日元的亏损。

对于保健热潮是否会持续高涨，大家预测有百分之五十的可能性。如果你是董事长，会选择哪一个计划呢？

若你是一个保守派的董事长，或许会选择 A 计划，至少不会蒙受亏损。

然而，展开新事业时，还必须考虑到"期望值"，就是我们在学校数学课学过的期望值。

如果要套用在这个案例上，将会是以下的计算方式：

A 计划

假设热潮持续高涨，利益会是一千万日元 × 百分之五十＝五百万日元。

假设热潮退去，利益会是二百万日元 × 百分之五十＝一百万日元。

两者合计的期望值是六百万日元。

B 计划

假设热潮持续高涨，利益会是二千万日元 × 百分之五十＝一千万日元。

假设热潮退去，利益会是负五百万日元 × 百分之五十＝负二百五十万日元。

两者合计的期望值是七百五十万日元。

经过这样的计算后，可得知 B 计划的期望值较高。

当然了，我们不能因为 B 计划的期望值较高，就武断地认定应该选择 B 计划才对。在这里希望大家牢记一点，展开新事物之际，比起凭感觉来做决定，像这样透过数字进行比较，对提升判断的准确度会更加有效。

每个人都有主观，如果净是思考自己喜欢的事，将会失控暴走，或是因害怕风险而只思考负面的事，将会不敢采取行动。

不过，透过量化来思考的话，就能缓和主观，进而做出高质量的判断。

YES

OR

NO

停止、舍弃

58 取舍的选择：

想要有所得，就必须有所失

在诸多判断当中，哪一种判断最困难？可能非"舍弃"莫属了。

假设你现在面临两种判断：一个是到书店买书，另一个是从家里的书架上挑一本书丢掉。请问哪个判断比较让人感到迟疑？

我想肯定是舍弃的判断比较让人苦恼。因为我们会有"想要继续拥有"的期望心态，而"舍弃的判断"会带给人压力。

我们把这样的状况换到工作上看看，上司给予任务时要接受还是拒绝？两者的判断哪一个比较困难呢？这个例子也是拒绝的判断比较困难，相信很多人都会抱持"先接下任务努力看看再说"的想法。

然而，如果一直不做出舍弃的判断，最后只会走向一个结果，就是越累积越多，导致你可能每天都行程满档，或是公文包塞满东西，几乎到爆开关不上的状态。

你将会扛下一大堆自己扛不动的东西，陷入危险状态。

在这状况下，如果还继续抱持"我要努力塞下更多东西"的想法，公文包就会从一只变成两只，加班也会变成理所当然的事，最终变成在折磨自己而已。

想要"有所得"，就少不了做出"舍弃"某物的判断。

59 品项一进一出：

"展开"之前，先决定"停止"

展开新事物之前，要先做出"舍弃"或"停止"的判断，是不可或缺的步骤。

我以前工作的超市有"品项一进一出"的原则，它是指当决定销售某种新商品时，一定要停止销售另一种其他商品。

为什么要这么做呢？原因是必须有空间，才能销售新商品。大家只要想象一下便利商店的产品陈列架，应该就会明白了。想在货架上陈列某样新商品，必须得先撤下目前摆设在上面的商品才行。

当时身为销售方的我，面对新商品总能大胆做出"先卖卖看再说"的判断，但另一方面，在思考应该撤下哪个商品时，总会头痛不已。

为了让新商品硬是挤进货架，我心想只要把其他商品都稍微往旁边挪一下，就可以腾出空间来摆设新商品。

但是这样的方法是有极限的，如果过于勉强，会造成其他地方出现不良影响。

如果真心想要展开新事业，并且获得成功，势必要做出许多判断，当然也免不了要面对"舍弃"：停止一路来进行的事，进而打造可展开新事业的环境。

咖喱饭餐厅 CoCo 壹番屋的创业者是一对夫妇，他们原本从事不动产生意，不过光靠不动产的收入不够稳定，于是夫妻俩开始经营咖啡厅，为了提高单价，太太想出提供咖喱饭外送服务的点子。

后来因为咖喱饭深获好评，夫妻俩便全心投入咖喱饭的生意，因此建立了如今的连锁餐厅。

请大家思考一下，如果继续经营不动产的生意会是什么状况？如果选择只把咖喱饭视为众多餐点之一，继续经营咖啡厅又会是什么状况呢？我想应该就不会获得如今这般成就了吧。

为了展开新事物，在不同时间点做出舍弃某事物的判断，将可以带来成功。

60 排除情感的投入：

当自己是咨询顾问来思考

　　我的工作是以咨询顾问的身份，向企业或个人给予忠告或提案。

　　给予忠告时，我给自己订的规则是："不在对方身上投入情感。"一旦投入情感，就会不小心扭曲看待事实。

　　举例来说，在查看损益表等数据或市场分析结果后，明明心里明白应该退出某事业，但一想起董事长的想法或公司历史，就不禁心想："算了，那也是没办法的事。"如果是这样，就会觉得何必请我这个应该以外部人士观点来看待事物的咨询顾问进到公司？

　　面对痛苦的判断时，必须以客观角度斩断各种思绪来做出判断。

越是投入情感，就越难做出痛苦的判断。

在职场上，当必须做出痛苦判断时，我会要求自己彻底当一个"演员"，我不会以原本的身份来做判断，而是扮演篮中演练研究所董事长的角色，然后像在说台词一般，把我的判断传达给对方。

遇到不得不做出痛苦判断的时候，就试着回想一下自己的职责。然后，让自己彻底扮演好角色，才可以守护重要的事物。唯有如此，做判断时方能避免因为投入情感而放宽标准，导致判断失准。

61 投资亏损：

"怕浪费"会让人掉入陷阱

"应该停止吗？还是应该继续？"

在评估是否要"停止"时，有一个因素会绊住判断的脚步，就是"沉没成本"。"沉没成本"也称为既定成本，是指一路来为了某事物已付出的费用。

举例来说，是否要把筑地市场迁移到丰洲市场的话题，长年来一直受到关注，毕竟丰洲市场的建设费已经高达九百九十亿日元，不论使不使用丰洲市场，都无法收回已付出的费用。也就是说，九百九十亿日元已是既定成本。

在这种情况下，如果还一直在讨论该如何回收既定成本，将会做出错误的判断。这时不应该把焦点放在既定成本上，而是应该要思考：接下来必须付出多少费用、可获取多少金额。我们不该去在意已经成为既定成本的部分，而是应该优先思考今后的利益。

因既定成本而做出错误判断的例子不胜枚举。

假设公司致力于开发某产品。然而，竞争对手早一步推出了具备相同功能的产品。在这种情形下，较晚才推出该产品，极可能会为公司带来亏损。

即便如此，因为公司已经长年努力投入产品的开发，所以还是要设法让产品上市。当有了这样的想法时，就会做出"决定投入更多资金和人力"的判断。这样的判断将陷入既定成本的迷思，造成严重的判断失误。

积极努力的态度很重要，相信多数人都能体会"难得已经努力走到这一步，怎能够轻言放弃"的心情。

不过，我们不能被已花费的金钱和已付出的劳力牵着鼻子走，反而应该认知到：如果做出更多投资，将会带来风险。

Part 3

提升团队的判断力

YES OR NO

建立容易判断的架构

62 杯面铁律：

制定"步骤"和"标准"

说到杯面，为什么人人都会用一样的方式泡杯面呢？如果有人这么问，你会有什么想法？

虽然人人都会泡杯面听起来相当理所当然，但当中其实藏有"判断"的深奥学问。

为什么人人都会泡杯面？

首先，因为有明确的说明。掀开杯盖，倒入煮沸的开水，接下来就是等待数分钟。也就是说，产品上清楚标示出使用方法的"步骤"。如果漏了其中一个步骤，有可能变成没倒入沸腾的开水就准备吃杯面的结果。

另一个原因是，产品上有标示出"标准"。像是杯缘上标有掀开杯盖时的位置记号，产品上有注明要使用煮沸的开水，杯身有标示注入热水的高度位置，倒入热水后要"等待三分钟"的说明也相当明确。

因此，任何人都会用一样的方式泡杯面。

也就是说，想要托付他人做判断时，必须明确定出判断标准，才能让任何人都做得出决定。

借由标明步骤和标准，就不需要一一做判断，能够把省下的时间和精力使用在更重要的事物上。

高级酒店丽思卡尔顿酒店（Ritz-Carlton）把自家的最高级服务文字化，清楚写出"信念"和"服务三步骤"等内容，正因为明确定义了自家公司应遵守的服务，顾客才得以感到满足。

63 果酱法则：

不提供过多的选项

　　如果要列出一个组织的产出偏少的原因，"因为不知道该如何判断而犹豫过久"算是原因之一。

　　大家试着想象一下拥挤混乱的员工餐厅，如果餐点的种类繁多，员工们会花费不少时间去考虑要点什么餐点，因此而大排长龙。

　　职场上也经常发生类似状况。

　　有些主管会认为，如果针对某项工作提供多种做法，让员工可以自由选择，"员工就会因为可以自由选择而变得有动力，进而发挥创意想出新点子"，但结果并非如此。原因在于：做选择必须花费时间，有时会为了选择而心生压力，所以很多时候反而会降低动力。

"好好发挥创意想出新点子！"大家有没有被主管这样要求过？我自己就曾经被如此要求，相信大家也都觉得这句话很耳熟吧。

发挥创意是一件很重要的事，以培训人才的角度来说，算是不可或缺的要素。

然而，如果只知道要求发挥创意，却没有指示标准或方向，是会降低产出的。因为这么做等于是要求员工"在无数选项当中做选择"。

选项多不见得就会带来好结果。

哥伦比亚大学的希娜·艾扬格（Sheena Iyengar）教授，曾在某超市进行关于销售果酱的实验。

该实验针对店内分别陈列六款，以及二十四款果酱时的购买率做调查。调查结果发现，当陈列六款果酱时，会有百分之十二的人购买，但是，当陈列的果酱有二十四款时，却只有百分之一点八的人会购买。

意思就是说，当选项过多时，人们就会无法做出判断。

那么，有多少选项最为恰当呢？

根据亚格尔教授的说法，五至九个选项最为恰当。

把工作上的判断交给部属去思考当然不是坏事，但如果想要提升产出，诀窍就在于，帮部属筛选选项。

64 比较优势：

让团队成员专攻各自擅长之处

大家是否看过自家公司的组织图？

组织图是源自军队。据说当初是为了建立一个最具效率，并且可发挥最佳效果的组织，才有了组织图。

那么，组织是如何被建立的呢？多数企业都是采用功能型组织结构的体系，意思就是采用会计业务由财务部负责，业务活动由业务部负责的归类方式。

然而，产出较少的组织，大多是"没有充分发挥必要功能"，再不然就是放错心力到其他功能上。

以我们公司的教材开发部门为例，其负责范围涵盖设计教材、制作教材、核对教材等多数作业，每一种作业都有各自的负责人员。假设现在决定由三个人来负责教材开发部门的工作,这时应该由一人来负责三种作业比较好呢?还是三人分开负责各别作业比较好?

当要思考这个问题的最佳解答时,英国经济学家大卫·李嘉图(David Ricafdo)所提倡的"比较优势理论"可带来提示。

简单来说,比较优势就是一种"集中于擅长领域可得到较高效率"的概念。

就拿制作教材来说好了,如果由擅长设计的人来负责设计,工作进度会比较快,由擅长核对的人负责核对工作也会比较有效率。如果让擅长设计的人来负责核对,将会降低工作效率。

我曾经历过这样的情况。超市在进行大拍卖时,总公司派人来支持收银台。可是,被派来的人员因为不熟悉收银台工作,所以作业缓慢,最后导致收银台大排长龙,客人因此提出客诉。

试图去做鲜少从事或不擅长的事情时,势必要付出训练等成本。比起这么做,俗话说"办事要靠内行",还是选择让人员去做其擅长的事物,才是最能够提升效率的做法。

65 投资与回报：

学会懂得做出"交给别人去做"的判断

有些人会不愿意把工作交代给下属去做。

因此不少人陷入左右为难的困境，明明心里很想把工作交代给下属，但实际上还是会亲自去做。不过，这是没办法的事，必须带领下属的人，最难做出的判断就是"交代工作"。我也会觉得与其拜托下属去做，不如自己动手还比较轻松。

为什么我们就是没办法把工作交代给下属去做呢？我在进行篮中演练时询问过学员这个问题，结果得到以下的答案：

因为亲自去做不会搞砸。

因为亲自去做比较快。

因为没有可靠的下属可交代工作。

所有答案都没有错。与其交给别人去做而搞砸，当然是亲自做比较好，这样也可以省去必须说明做法的麻烦。更重要的是，我们会觉得要交代给下属的任务太重大。

我们总是会认为，不需要把工作交代给下属，自己揽起来做不仅自己开心，下属也不会觉得辛苦，更何况还可以让工作顺利进行。

不过，这是只考虑到"当下"的判断，在这当中毫无"未来观点"可言。如果工作不交代给下属的状态一直持续下去，未来会让人很伤脑筋的，因为最后会变成你在折磨自己。

首先，你的时间会越来越不够用。怎么说呢？因为工作会接二连三地找上做得出成果的人，到时候你必须揽下所有工作。

所以，有必要复制你的分身，不要等到忙得不可开交时，才开始把工作交代给下属，事前训练下属是不可或缺的。

促使下属成长的最佳方法就是"经验"，借由交代工作来让下属累积经验。如果不早点执行这个动作，在未来的某一天,你的工作量将会爆满。

还有,谁都无法保证你不会生病或遭遇什么意外,在遇到这种情形时,如果工作无法顺利运作,你会被贴上"没有好好培训下属"的无能标签。

不仅如此,你也会无法往下一阶段迈进,如果揽了一身当前的工作,是无法为下一阶段做准备的。再者,因为没有培训出接班人,你自然得继续留在原本的职务上。

也就是说,"交代工作"的判断是为了你自己。

我们要学会把"交代工作"的判断,视为"让下属品尝失败经验的投资",不应该一心只想让下属成功地完成工作,而是应抱持着"即使失败也能成为好经验"的观点。

前面提过,促使下属成长的最大要素在于"经验",尤其是"失败或挫折的经验",更是人们在成长过程中不可或缺的要素。

一旦失败,就会产生损失。不过,请大家试着把这个损失当成投资来看待,也就是把交代工作视为是对未来的投资。

有投资就会有回报。这里的回报就是因为下属有所成长,所以你的时间变多了,便可以开始为迈向下一阶段做准备，同时也拥有自己的接班人。

不过，投资的铁律是：必须尽可能地降低风险。请记得当一个聪明的投资人，不要一下子就交代重大任务给下属，要从较小的任务开始。

YES OR NO

帮助他人做出正向的判断

66 自发性：

让对方觉得"这是我做出的判断"

想促使他人采取行动，起点就在于"设定目标"。

举例来说，人们只要有"达成业绩目标"或"让产量提升百分之二十"等目标，就会朝向目标采取行动。

然而，也会发生尽管已经定出目标，当事人却不采取行动的状况。

为什么当事人不采取行动呢？原因在于他们没有参与目标的设定。"我会照着指示工作没错，但为什么要设定这种目标呢？"如果心中怀有这般疑问，就会搞不懂朝向目标努力有什么意义。

遇到这种情形时，当然应该要明确地传达"目标的意义"

或"目标背后的始末"等背景，但如果想要让当事人自发地采取行动，就必须让他们参与目标设定。

当事人或下属只有在自己设定目标时，才会自发地去执行。下达指示时，比起"给我去做某某工作"的命令说法，采用"我有某某工作需要人手帮忙，有谁愿意负责"这种寻求意愿者的说法，比较能够促使下属主动去执行任务，并做出优异表现。

日本战国名将武田信玄就非常懂得巧妙利用这个方法。

在作战会议上，武田信玄总会让家臣进行讨论，其实在家臣们讨论之前，他心中早已做出想要采取哪种作战方式的判断。

在家臣们讨论时，如果出现与自己心中所想的作战方式相同的意见，武田信玄就会夸奖大家做了很好的讨论，并把这个任务交代给提出与自己意见相同的家臣。

也就是说，如果想要把当事人也加入工作中，采用他们自己设定的目标（或是让他们觉得是自己设定的目标），这种方法是最具效果的。藉此可以让当事人产生参与感，他们想要朝向目标迈进的意愿也会随之提升。

67 传达的方式：

让对方产生积极工作的心态

下属提出一个企划案给你，内容挺有趣的，但就是佐证不足。遇到类似状况时，你会如何要求下属修正呢？

1．"内容还不够扎实，去给我重新写！"

2．"请针对架构和资料的部分重新写。"

3．"如果可以针对架构和资料的部分再多花点心思会更好！"

4．"你觉得如果想让这份企划书更出色，应该怎么做比较好？"

在此情形下，我会建议大家采取第三或第四的说法。当然了，第一或第二项不算是错误，但第三或第四的说法能够维持对方的动力，也带有训练的意味，在这样的状况下，会是比较具有效果的传达方式。

针对这四种传达方式的差异，我们来做更进一步的说明。

1.命令方式

"去给我怎么怎么做！""你必须怎么怎么做！"像这种强迫性地向对方传达意识的方式，适合在发出紧急和重要指示时，或是你预测下属不会按照指示行动时使用，这是以"必须切实采取行动"为第一优先考虑时所使用的传达方式。

举例来说，假设员工在职场上受伤，只要采用"去给我叫救护车！"，对方就能够毫不犹豫地照着指示行动。也就是说，这样的传达方式带有强制性。

然而，因为带有强制性，如果总是采用这样的方式，下属的动力会因此降低，不满的情绪也会渐渐地开始累积。另外，还有可能会因此训练出"不会自己思考"的下属。

2.委托方式

"请怎么怎么做。""麻烦你怎么怎么做。"这是属于平常向对方传达意识时会采用的一般方式，通常是状况不太具有紧急性和重要性，或是对方已理解意图时会采用的传达方式。

3．建议方式

"要不要试试看怎么怎么做？""如果怎么怎么做会更好"，这是以分享自己的点子来向下属传达意识的方式。当对方具有强烈动力，或你试图训练下属时，就能采用这种传达方式。

虽然这不像命令方式具有强制性，对方不见得一定会照着做，但借由赋予选择权，就能维持对方的动力，促使他自发性地采取行动。

4．发问方式

"你觉得如果想要更出色，应该怎么做比较好？"这是借由发问来促使对方思考的方式。虽然不具有强制性，且不见得一定能得到你想要的答案，但借由让对方自己去设定目标，可促使他产生强烈的动力。

若是因为当事人或下属不采取行动，就接二连三地以强制的说法发出指示或命令，将会变成像"北风与太阳"[1]的故事一样，导致对方越来越不愿意采取行动。严重一点的话，甚至可能演变成没有指示就不会采取行动的状况。

请大家不忘提醒自己：采用重视当事人动力的传达方式。

---

1. 编者注：《伊索寓言》中的故事，内容是说北风和太阳比赛谁比较强，能让路过的人脱下衣服，其寓意是：强迫往往不会有效果。

68 AIDMA 原则：

让对方产生兴趣，促使对方采取行动

我以前在超市工作时，负责统筹约二十家分店。有一次，某项新商品开始贩售后的隔天，几乎所有分店都销售一空，因此各家店都发出订单追加，但有一家并没有这么做。在确认数据后，发现只有这家分店的销售数量挂零。

我询问店长，他给了"该商品不适合我们分店的消费人群"的答案。然而，我去分店现场确认后，才得知销售不出去的真正原因，是因为他们并未在卖场陈列出新商品。这样怎么可能会有销售呢？

虽然这个例子比较极端，但想要让顾客购买商品，确实有绝对不可或缺的步骤。

大家是否听过"AIDMA 原则"？AIDMA 原则是指顾客购物行为的营销基本概念，就是顾客的行为会照着"引起注意（Attention）→产生兴趣（Interest）→培养欲望（Desire）→比较、记忆（Memory）→促成行动"（Action）的流程走。

在职场上，当你期望当事人能主动采取行动时，也可以应用 AIDMA 原则。

首先，当事人是否知道他人想要委托什么（引起注意），接着，对该委托是否有兴趣（产生兴趣），再来是思考对自己有无好处（培养欲望），经过与其他方法做比较确认后（比较、记忆），最后实际采取行动（促成行动）。

我们想要让当事人采取行动时，有时会利用权力让对方屈服，或是以言语揶揄对方，现在不妨试着改变一下做法，去思考对方为什么不采取行动，再利用 AIDMA 原则来思考问题出在哪里。

举例来说，假设公司决定导入新系统，这时应该让当事人理解新系统的概要，并要求实际执行……如果以 AIDMA 原则来看待这样的做法，会是错误的。为什么呢？因为第一步骤应该要先让当事人对系统产生兴趣。

此时可以采用让当事人产生兴趣的传达方式,像是"对手公司也在使用这个系统",或是"只有我们这个厂进行试运作"等说法。

接下来是"培养欲望",要让当事人知道,这可以帮他们带来好处。如此一来,当事人就会产生"原来只要使用新系统,工作就可以变得轻松许多"的想法。

"比较、记忆"阶段是借由与其他方法做比较,进而产生信心。试着在当事人的面前实际操作系统,再询问对方:"跟以前的比起来怎么样?"这也不失是个好方法。

最后就是让当事人实际操作系统,并且从旁给予辅导。

总结来说,我们必须保有一种心态,即便你的判断是最好的判断,也很少会有人一下子就赞成你的想法。所以,照着 AIDMA 原则的程序来让当事人产生兴趣,能促使对方采取行动、执行工作。

- **A** Attention 引起注意
- **I** Interest 产生兴趣
- **D** Desire 培养欲望
- **M** Memory 比较、记忆
- **A** Action 促成行动

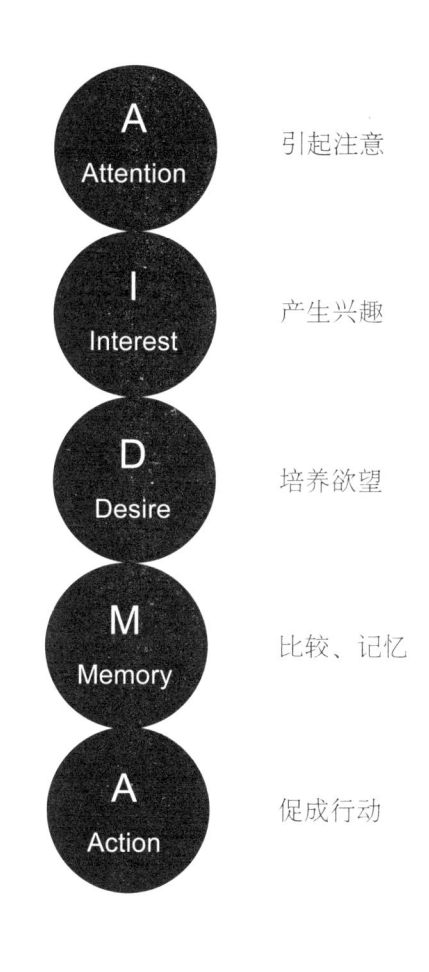

AIDMA 原则

69 专案化：

清楚地让对方知道"这是他的工作"

"大家一起维持办公室的整洁！"我曾经在开早会时这么说过。说完之后，尽管大家都理解意思，却没有任何人主动打扫过。

明明已经理解话中的意思，却不采取行动，原因在于大家都认为"那不是我的工作"。

于是，我做了一个实验。

我写了 E-mail 给某人，要求他制作会议资料，他立刻制作完成。

接着，我让几名员工每两人一组，然后把相同内容的 E-mail 发给这几组员工。发出 E-mail 后，某组员工在经过讨论后制作出资料，但其他组员工迟迟没有着手处理。

我想表达的意思是，如果向多数人提出请求，大家不会有"我必须采取行动"的心态。人数越多，这种倾向就会越严重，因为大家的"当事人意识"会变得淡薄。

要怎么做才能让员工持有当事人意识，进而采取行动呢？此时若做出"项目化"的判断，会是一个有效的方法。

我以前工作的超市也是这样，每次布告栏贴出"零库存活动"等告示时，明明所有人都理解其必要性及目的，却会有种事不关己的态度。所以，光是把内容传达出去，称不上是项目，不应该只是发号施令，而是应该要让员工清楚知道"这是谁的工作"。

执行项目时必须将目的明确化、制订出期限，并分配职务以达成目标。不同于一般业务，执行专案时，有时会跨部门来挑选成员。

如果从判断力的角度来看，我认为项目化可以得到三大好处。第一个好处是员工会依自我意识来采取行动；第二个好处是部门之间会有良好的沟通；第三个好处是员工对于原本不是自己负责的工作，也会开始有当事人意识。

不过，千万不能忘记一点：不要以为既然已经项目化，当事人就一定会持续采取行动。重要的是，你本身也必须持续地参与其中，透过听取部属的报告，或是促使PDCA保持循环等动作来持续支持部属。

70 兰斯法则：

没发生问题的地方就别多嘴干涉

即使有时候处于必须参与现场工作的状态，但若是一不小心没有做好判断，还是有可能导致当事人的动力降低。

某工厂来了一位新厂长，他为了推动改革，决定导入以前自己工作过的工厂的优良做法。然而，该工厂的员工因为不熟悉新程序，对新厂长的做法产生反感，导致出错率提高。

这位新厂长并没有做出错误的判断，而是错在"做判断的地方"。

照理说，原本应该是要针对发生问题的地方着手处理，却多事干涉没发生问题之处，如此反而导致问题发生。

意思就是说，并非什么事情都做改变就会比较好，有些需要静观其变，或甚至不需要在意。

这样的概念称为"兰斯法则"。伯特·兰斯（Bert Lance）是20世纪70年代掌管美国行政管理和预算局（Office of Management and Budget, OMB）的人物。

当时兰斯指出问题，揶揄行政管理和预算局对于没发生问题的领域投入高额预算，对于有问题的部分却没有进行投资。兰斯法则是在告诉我们，"对于没发生问题的地方，不要多嘴干涉比较好"。

重要的是，必须懂得看清楚真正应该多嘴干涉的地方在何处。

结束语

感谢大家阅读完本书。

在此书中我分享了七十个提升判断力的方法，相信在这之中一定有很多能让大家的判断力更上一层楼。如果真的得到这样的帮助，请大家务必藉此机会实际采取行动。这对身为作者的我而言，喜悦将溢于言表。

在本书最后，我想分享一个我亲身实践过的提升判断力的方法。

就是"挑战"。

在提升判断力上，最重要的是让自己每天都去面对判断。然而，若每天都反复做着固定、模式化的行动，将会失去做判断的机会。

我曾经负责安排某间公司的培训活动，该公司的董事长总会决定一切，所以员工都是照着他的指示行动，形成了固定化的模式。在这样的状况下，即便透过培训来锻炼判断力，如果员工在工作上没有运用的机会，终究还是无法提升判断力。

或许有人会觉得"维持现状最轻松"，但如此只不过是处在没有做判断的状态，这样或许很轻松没错，但是得不到任何进步，要让自己一步一步地成长，就必须要一步一步地提升判断力。

还有，判断力这东西如果没有随时锻炼，到了紧要关头时，就会发挥不出来。所以，为了避免判断力生锈卡住，我们必须随时上油磨亮、时时锻炼自己的判断力。

正因为如此，我才会借由挑战新事物，来磨练判断力。在挑战从未体验过的事物时，有时会尝到失败的滋味，甚至还有可能让自己丢脸。不过，失败的经验其实能帮助我们磨练判断力。

我强力推荐大家去旅行时，可以多多参加"体验活动"。像是透过制作物品等模拟体验，学习实际的制作过程。也可以在看电影或阅读小说等享受乐趣的同时思考："如果换成我是主角，我会怎么做？"这些都能有助于提升判断力。

篮中演练是我的专业领域，也被称为"模拟失败的培训"。挑战、面对失败、回顾省思，这些都是提升判断力的必要要素。

最后，我要感谢日经 BP 公司的长崎隆司先生，在我写作这本书时，给了我宝贵的建议。另外，也由衷感谢我们公司的员工以及所有相关人员，在搜集资料等方面的鼎力相助。

一路阅读本书到最后的各位朋友，也请容我在此向你们表达由衷的谢意。

谢谢大家！

篮中演练研究所股份有限公司董事长
鸟原隆志